古尾谷眞人

作って学ぶ
Figma 入門

完全版

ステップ・バイ・ステップで身につく Web/UIデザインの基本

技術評論社

●本書解説の Figma について

本書は、Figma の無料の「スターター」プランをもとに、操作方法を解説しています。「スターター」プランは一部の機能制限がありますが、基本的な機能は有料プランの Figma と同じです。「スターター」プランに使用期限はなく、無料のまま永続的に利用できます。

●記載内容について

本書に記載された内容は、情報の提供のみを目的としています。したがって、本書を用いた運用は、必ず読者ご自身の責任と判断によって行ってください。これらの情報の運用の結果について、技術評論社および著者はいかなる責任も負いません。

本書記載の情報は、2025 年 1 月現在のものを掲載しています。ご利用時には変更されている場合もあります。本書の説明とは機能や画面などが異なってしまうこともありえます。以上の注意事項をご承諾いただいた上で、本書をご利用願います。これらの注意事項をお読みいただかずにお問い合わせいただいても、技術評論社および著者は対処しかねます。あらかじめご了承ください。

●商標、登録商標について

本書に登場する製品名などは、一般に各社の登録商標または商標です。本文に ™ マーク、® マークは明記しておりません。

はじめに

Figma（フィグマ）は、Web やアプリをデザインするための定番のソフトウェアです。静止画面だけでなく、操作可能な試作モデル（プロトタイプ）を作ることができます。

Web やアプリを作るにあたっては、コーディングに入る前の「設計とデザイン」が重要です。Web で発信する宣伝や広告を考えている人、会社で使うシステムを考案中の人、新しいゲームソフトを作ろうとしている人、どの場合も最初に「設計とデザイン」が必要になります。Figma は、こうした「設計とデザイン」を行うための業界標準の UI/UX デザインツールです。

プロのデザイナーも使用するツールのため、高額な費用がかかると思うかも知れませんが、Figma には使用期間の制限がない無料プランがあり、主要な機能のほとんどを無料で利用できます。Web ブラウザ上で動かす Web アプリケーションとして開発されているため、高価な PC を用意する必要もありません。Mac と Windows のどちらでも動作が可能です。高品質のデザインが可能ですが、敷居は高くなく、誰もが習得しやすいソフトウェアです。

本書は、Figma をはじめて学ぶ人のために、操作しながら習得する「ハンズオン」の形式で執筆しました。新しいソフトウェアを効率よくスピーディに学ぶ一番の近道は、自分の手で操作することです。無料でダウンロードできるサンプルデータを使って Web ページのデザインを完成させることで、Figma の体系的な知識と操作が身につきます。

本書で作るサンプルは非常にシンプルなものですが、Figma の基本機能を盛り込んだ内容となっています。詳細な手順で解説しているので迷わず操作が進められ、Figma を短期間で習得できるはずです。Figma は 2024 年に大きなアップデートを行いました。本書は、2025 年 1 月時点の最新の Figma に対応しています。

スマホで使う Web やアプリは、もはや暮らしや仕事の中心となっています。Figma を習得することで、暮らしや仕事に役立つ Web やアプリのアイデアを目に見える形でデザインできるはずです。

本書を通して Figma が、あなたやあなたを取り巻くすべての人たちをよりよくするツールとなることを願っています。

2025 年 1 月
古尾谷眞人

CONTENTS —目次—

はじめに ·· 003
本書の利用方法 ·· 008
LESSON 用のサンプルファイル ································· 009
本書の LESSON で作成する内容 ······························· 010

LESSON 1
Figmaの概要と
レッスンの準備

01 Figma と UI/UX デザイン **012**
　01 シェア No1 の Figma ·· 012
　02 なぜ Figma が必要なのか？ ······························ 013

02 ソフトウェアの準備 **014**
　01 ユーザー登録 ·· 014
　02 料金プランの選択と登録完了 ···························· 016
　03 Figma のデスクトップアプリ ···························· 017

LESSON 2
スマートフォンの
Webデザイン

LESSON 2 の内容 **020**

01 スマートフォン画面の作成 **021**
　01 新規ファイルの作成 ·· 021
　02 iPhone サイズのフレーム作成 ··························· 024
　03 レイアウトグリッドの作成 ······························· 025
　04 画面の拡大表示とスクロール ···························· 027
　05 ガイドラインの作成 ·· 029

02 画像とテキストの基本操作 **030**
　01 画像の配置 ··· 030
　02 長方形への画像の配置 ······································ 031
　03 テキストの入力と書式設定 ································· 033
　04 テキストの複製と編集 ······································ 035
　05 複数行のテキスト入力 ······································ 037

03 アイコンの作成 **040**
　01 格子状のレイアウトグリッド ····························· 040
　02 直線の描画 ··· 041
　03 選択範囲のフレーム化 ······································ 043
　04 円の作成 ·· 044
　05 複数の線のグループ化 ······································ 045
　06 線の描画と角の設定 ·· 047
　07 直線を曲線に変換 ··· 048
　08 拡大縮小と線のアウトライン化 ·························· 050
　09 選択範囲の統合 ··· 051
　10 Iconify プラグインによるアイコンの配置 ············· 052
　11 フレームのサイズ調整 ······································ 054
　12 画像のエクスポート ·· 055

LESSON 3
スクロールする
スマートフォン画面

LESSON 3 の内容 **058**

01 オートレイアウトの基本操作 **059**
　01 オートレイアウトで水平方向に整列 ···················· 059
　02 オートレイアウトで均等に配置 ·························· 060

03	フレームの下辺のみに線を設定	062
04	オートレイアウトによる余白の統一	063
05	角丸フレームの作成	065
06	オートレイアウトによるカード型デザインの作成	066
07	フレームのドロップシャドウ	069

02 コンポーネントの基本操作 070

01	セクションの作成	070
02	ヘッダのコンポーネント化	071
03	カード型デザインのコンポーネント化	072
04	複数のインスタンスを配置	075
05	インスタンスへの画像の配置	078
06	インスタンスのテキスト変更	080
07	コンポーネントの更新	082
08	複数のレイヤー名の一括変更	084

03 iOS コンポーネントの利用 086

| 01 | ステータスバーの配置 | 086 |
| 02 | ホームインジケータの配置 | 087 |

04 プロトタイプの基本操作 089

| 01 | スクロールのプロトタイプ設定 | 089 |
| 02 | スクロールのプレビュー再生 | 090 |

LESSON 4
ページ遷移する
カード型ページ

LESSON 4 の内容 092

01 スタイルの作成 093

01	テキストスタイルの作成	093
02	テキストスタイルの編集	094
03	エフェクトスタイルの作成	095
04	グリッドスタイルの作成	095
05	色スタイルの作成	096
06	色スタイルの編集	097

02 バリアブルの作成 098

01	既存のカラー設定の表示	098
02	既存カラーでバリアブルの作成	099
03	新規カラーのバリアブルを作成	100
04	バリアブルの編集	101

03 ページ遷移の作成 103

01	新規画面の追加	103
02	Unsplash プラグインによる画像の配置	105
03	画像の色調変更	107
04	小さなカード型デザインの作成	108
05	バリアブルやスタイルの適用	111
06	複数のオブジェクトの置き換え	113
07	オートレイアウトで折り返し	115
08	インスタンスへ画像とテキストの配置	116
09	バリアントの作成	118
10	複数テキストの一括編集	122
11	ページ遷移のインタラクション設定	123
12	ページ遷移のプレビュー再生	126

04　オーバーレイの作成　128

01　カード型デザインの拡大 128
02　オートレイアウトへテキストの追加 130
03　Iconify プラグインによるアイコンの配置 132
04　オーバーレイのインタラクション設定 134
05　オーバーレイのプレビュー再生 135

LESSON 5
ハンバーガーメニューとカルーセル

LESSON 5 の内容　138

01　ハンバーガーメニュー　139

01　新規フレームの追加 139
02　複数のテキストボックスの作成 140
03　オートレイアウトのメニューリスト 141
04　メニュー表示のインタラクション設定 143
05　メニューからページ移動のインタラクション設定 144
06　ハンバーガーメニューのプレビュー再生 146

02　カルーセルの作成　148

01　画像フレームの移動 148
02　表示する箇所が異なるバリアント 149
03　カルーセルのインタラクション設定 152
04　カルーセルのプレビュー再生 154
05　インジケータのコンポーネント 155
06　インジケータのバリアント 157
07　インジケータのインタラクション設定 158
08　インジケータのプレビュー再生 160

03　アプリでプレビュー再生　161

01　スマホ用アプリのインストール 161
02　スマホ用アプリでミラーリング 162

04　Figma ファイルの共有　163

01　制作側の共有設定 163
02　招待されたユーザーによる閲覧 164

LESSON 6
レスポンシブなWebデザイン

LESSON 6 の内容　166

01　レスポンシブなフレームの拡大　167

01　デスクトップ PC 用フレームの複製 167
02　フレームに合わせて子要素を拡大 168
03　カード型デザインの折り返し 171
04　最小幅と最大幅の設定 173
05　レスポンシブのプレビュー再生 174

02　プロパティによるデザイン変更　176

01　デスクトップ PC 用のレイアウトグリッド 176
02　プロパティによるアイコンの表示・非表示 177
03　ページリンクのコンポーネント 179
04　テキストプロパティの設定 180
05　テキストプロパティによるテキスト変更 180
06　グローバルナビゲーションの挿入 182
07　プロパティによるナビゲーションの表示・非表示 183

	08 マッチングレイヤーの選択と編集	183
	09 作業用ページの追加	186
	10 デスクトップ PC 版のプレビュー再生	187

LESSON 7 インタラクティブな UIパーツ

LESSON 7 の内容 ... 190

01 検索用ウィンドウの作成 ... 191
- **01** 新規フレームの作成 ... 191
- **02** プロパティによるテキスト変更 ... 192
- **03** プロパティによるバリアントの表示切り替え ... 194
- **04** バリアントのデザイン変更 ... 196
- **05** インスタンスのブーリアン型変更 ... 197
- **06** 複数ボタンのオートレイアウト ... 198
- **07** オーバーレイのインタラクション設定 ... 199
- **08** オーバーレイのプレビュー再生 ... 201

02 検索操作アニメーションの作成 ... 202
- **01** プレースホルダーのテキスト作成 ... 202
- **02** テキストボックスのオートレイアウト ... 203
- **03** パラパラアニメ用のバリアントの作成 ... 204
- **04** アニメーションのためのプロパティ設定 ... 206
- **05** パラパラアニメのインタラクション設定 ... 208
- **06** iOS コンポーネントのキーボードを配置 ... 209
- **07** 絶対位置でバリアントへ追加 ... 210
- **08** 完成したコンポーネントからインスタンスの配置 ... 213
- **09** 検索操作のプレビュー再生 ... 214

03 チェックボックスの作成 ... 216
- **01** Iconify プラグインによるアイコンの配置 ... 216
- **02** テキスト追加とアイコンのパス編集 ... 217
- **03** 複数コンポーネントのセット化 ... 219
- **04** テキストプロパティの設定 ... 219
- **05** チェック操作のためのプロパティ設定 ... 221
- **06** チェックを切り替えるインタラクション設定 ... 221
- **07** 完成したコンポーネントからインスタンスの配置 ... 222
- **08** オートレイアウトによる整列 ... 224
- **09** レイヤーの入れ替え ... 225
- **10** チェックボックスのプレビュー再生 ... 226

04 ドラッグで閉じるウィンドウ ... 227
- **01** ドラッグ操作用バーの作成 ... 227
- **02** 線のフレーム化 ... 228
- **03** 個別のコーナー設定 ... 230
- **04** ドラッグ操作のインタラクション設定 ... 230
- **05** ドラッグ操作のプレビュー再生 ... 231

Google フォント ... 232
カラーコード ... 233
ショートカットキー一覧 ... 234
INDEX ... 236

本書の利用方法

本書では、Figmaの操作手順を番号順に解説しています。Figmaを使って、実際に操作をしながら読み進めてください。操作手順の解説に付随して、ポイント解説や解説コラムがあり、詳細な知識や操作を身につけることができます。

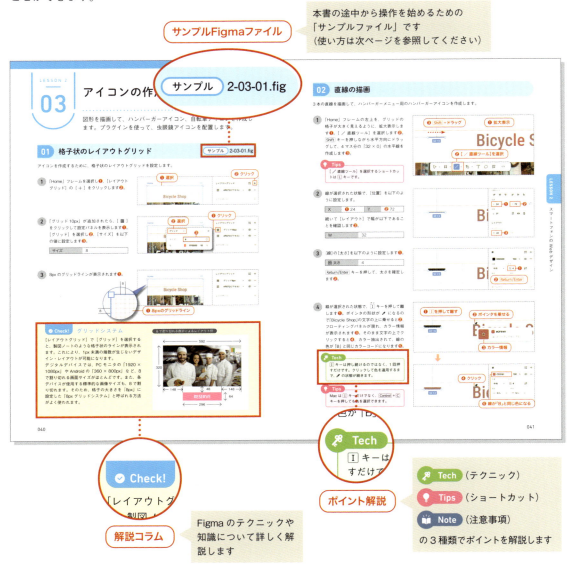

キー操作の記載について

本書は、主にMacのスクリーンショットを掲載して解説を行っていますが、Windowsでも利用できます。キーボード操作のキーの表記については、下図のように、MacとWindowsの両方を記載しています。

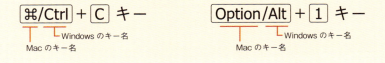

LESSON用のサンプルファイル

■ サンプルファイルのダウンロードについて

- 本書は、サンプルファイルを使って実際にFigmaを操作しながら、読み進めてください。サンプルファイルは、以下のURLから無料でダウンロードできます。

https://gihyo.jp/book/2025/978-4-297-14678-8/support

- サンプルファイルは圧縮されているため、解凍（展開）してお使いください。どのファイルを使うのかは、本書の各ページに記載されています。

- サンプルファイルは、個人の学習用として提供されるもので、それ以外の用途による使用はできません。また複製・再配布は禁止します。

■ 「サンプルFigmaファイル」の利用方法

- サンプルファイルの中には、本書の途中段階のFigmaファイル（.fig）が含まれています。本書の途中から操作して読み進めたい場合にご利用ください。Figmaファイルは、次の手順で開くことができます。

1 Figmaのファイルブラウザを表示します（17ページを参照）。［最近表示したファイル］をクリックし❶、［インポート］をクリックします❷。

2 ［インポート］ダイアログが表示されたら、ダウンロードしたサンプルのFigmaファイル（.fig）をドラッグ＆ドロップします❶。

3 ダイアログが表示され、［インポートされました］と表示されたら、［完了］をクリックします❶。

4 インポートしたファイルが、Figmaのファイルブラウザに登録されます。ファイルをダブルクリックして❶、開きます。

009

本書のLESSONで作成する内容

本書のLESSONでは、下記のようなサイクルショップのWebページを作成します。

LESSON 2
LESSON 3

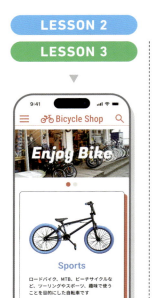

LESSON 4

LESSON 5

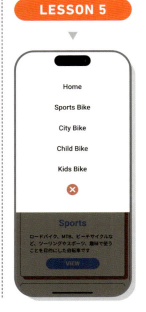

LESSON 6

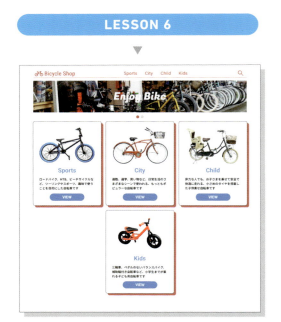

LESSON 7

LESSON 1

Figma の概要と
レッスンの準備

最初に「Figma とはどのようなツールなの
か？」を概観します。Figma をこれから使う
人のために、Figma の導入方法を解説します。

LESSON 1
01 FigmaとUI/UXデザイン

UI/UXデザインツールとしてのFigmaを概観します。制作上でのUI/UXデザインツールの役割について確認しましょう。

01 シェアNo1のFigma

Figma（フィグマ）は、Web業界で最もよく使われているUI/UXデザインツールです。米国ブラウン大学の2人の学生であるディラン・フィールドとエヴァン・ウォレスによって2012年より開発が開始され、2016年に一般公開されました。

WebやアプリをデザインするにはGIF「使いやすくする」ためのUI（ユーザーインターフェース）と「使っていて満足感を得る」ためのUX（ユーザーエクスペリエンス）が必要です。かつては、WebやアプリのデザインにPhotoshopやIllustratorなどのグラフィックソフトが使われていましたが、今では、FigmaをはじめとしたUI/UXデザインツールが使われています。一番の強みはPhotoshopのように静止画だけを作るのではなく、操作可能な試作モデル（プロトタイプ）が作れることです。

2020年以降、FigmaはUI/UXデザインツールのシェアトップとなりました。人気の要因は、① シンプルな操作で高品質なUI/UXデザインが誰でも作れる、② ファイルを共有する機能に優れている、③ 制作の機能が豊富、④ 大手IT企業やユーザーグループによる無料のテンプレートやプラグインが充実、などが挙げられます。

さらに、使うための敷居が低いことも人気の要因でしょう。Figmaはブラウザベースで作られたWebアプリケーションのため、ソフトウェアのインストールが不要です。Figmaのサイトでアカウントを登録するだけですぐに利用できます。Figmaを使うためのシステム要件は低く、スペックの低いPCでも十分に操作できます。

> ✅ **Check!** ブラウザベースのFigma
>
> Figmaは、ブラウザベースで動くWebアプリケーションです。ChromeやSafari、EdgeなどのWebブラウザでFigma.comにアクセスして利用できます。Figmaで作ったファイルはクラウド上で管理されるため、自分のPCに保存する必要はありません。
> この仕組みは、GoogleドキュメントやGoogleスプレッドシートなどで馴染みのある方法でしょう。ただし、Googleのアプリとは異なり、FigmaはiOSやAndroidのデバイスでは利用できません。iOSやAndroidのタブレット、スマホではFigmaアプリを使用することで、既存のFigmaファイルの閲覧のみが可能です（161ページを参照）。Figmaを使ったデザイン作業を行うには、MacやWindowsのPCが必要になります。
> Chrome OSのPCは、Figmaの一部の操作ができないため「非対応」になります。

ブラウザベースのFigma

クラウド上に保存 / Webブラウザベースでの利用 / PCでデザイン操作 / スマホ・タブレットでは閲覧のみ

02 なぜFigmaが必要なのか？

かつては PC で閲覧することが主流だった Web は、スマートフォンの普及によって「スマホファースト」へと変化しました。すると、手のひらサイズで表示される限られた情報量の中で、必要な情報へ速やかにたどり着くための「UI デザイン」が重要となってきました。また、スマホが生活のすべての分野と切り離せないツールになったことで、使い心地のよさを得るための「UX デザイン」も必須となりました。

こうした UI/UX デザインのためには、コーディングやプログラム開発前のデザインと操作テストが欠かせません。Figma は、UI/UX デザインを完成させていくための工程であるサイトマップ、ワイヤーフレーム、デザイン、プロトタイプを制作するためのツールとして普及することになったのです。

Figma のデータは、Figma のクラウド上に保存されます。Figma は共有機能に優れていて、複数のメンバーが同じファイルを同時に編集することが可能となっています。Figma には、コメントやチャット、ミーティングを行う機能があり、関係者の意見を効率的に集約しながらデザインすることが可能です。

デザインとプロトタイプが完成したのちは、Figma からデザイン素材となるファイルや CSS などの制作用のデータを書き出して、コーディングやプログラミングに活用できます。

Web の広告制作や社内システムの開発において、プロトタイプを作り、ユーザーの意見を取り入れる方法は、IT 系の企業や制作会社だけでなく、多くの民間企業、組織や団体によって採用されています。

✓ Check! 実現しなかった Adobe の買収

2022 年 9 月、Adobe 社は Figma 社を買収すると発表しました。Adobe 社は Photoshop や Acrobat の開発会社として有名ですが、Figma の競合ソフトである Adobe XD も開発しています。

買収額は、200 億ドル（当時のレートで約 2.9 兆円）という巨額な内容でした。発表後 Adobe 社は、開発リソースを Figma に集中するべく、Adobe XD の新機能の開発を停止しました。

ところが、欧州委員会などのヨーロッパの組織が、この買収案に対して独占禁止法違反の嫌疑をかけます。Adobe 社はこの嫌疑をクリアできないと判断し、発表の約 1 年後、2023 年 12 月に買収の断念を発表しました。

断念後も、Figma 社の経営は堅調です。Adobe XD が衰え、UI/UX デザイン市場での Figma のトップが続いてます。

LESSON 1

02 ソフトウェアの準備

Figmaをはじめて使う人は、ユーザー登録やソフトウェアの準備が必要です。Figmaを導入するための手順を確認します。

01 ユーザー登録

Figmaの公式サイトへアクセスして、新規ユーザー登録を行います。

1 PCで以下のFigma公式サイトのURLを開きます❶。

| URL | https://www.figma.com/ |

サイトが開いたら、[無料で始める]をクリックします❷。

> **Notes**
> Figma公式サイトのコンテンツは頻繁に変更されるため、右図とは画面が異なる場合があります。

2 アカウント登録の画面が表示されます。登録方法は、①Googleアカウントを使う、②メールアドレスを使う、の2種類です。
①Googleアカウントで登録する場合は、[Googleで続行]をクリックします❶。
②メールアドレスで登録する場合は、メールアドレスと自分で考えたパスワードを入力し❷、[アカウントを作成]をクリックします❸。

3 各登録方法の指示にしたがってアカウントの登録が承認されると、ログイン画面が表示されます。
①Googleアカウントで登録した場合は、[Googleで続行]をクリックします❶。
②メールアドレスで登録した場合は、メールアドレスとパスワードを入力し❷、[ログイン]をクリックします❸。

4. 「ユーザー名」を入力する画面が表示されたら、ユーザー名を入力し❶、[続行] をクリックします❷。

> **Notes**
> ユーザー名は、Figma のファイルを共有したとき、ファイルに表示されます。相手にわかりやすい名前にするのがよいでしょう。ユーザー名はあとから変更可能です。

5. 「職種」を選ぶ画面が表示されるので、選択して❶、[続行] をクリックします❷。次に「職業」を選ぶ画面が表示されるので、選択して❸、[続行] をクリックします❹。

> **Notes**
> 質問項目は変更される場合があります。Figma の操作内容には影響しないので、自由に答えてください。

6. Figma のファイルを共有する「関係者」の設定画面が表示されます。種類を選択し❶、[続行] をクリックします❷。次に「関係者のメールアドレス」の設定画面が表示されるので、関係者がいる場合のみメールアドレスを入力し❸、[続行] をクリックします❹。

> **Notes**
> 「関係者」の設定はあとから行うことが可能です。関係者がいなければ、[なし（自分のみ）] を選択して、メールアドレスを空欄にします。

7. 「利用目的」を選ぶ画面が表示されるので、選択して❶、[続行] をクリックします❷。次に「使用経験」を選ぶ画面が表示されるので、選択して❸、[続行] をクリックします❹。

02 料金プランの選択と登録完了

Figma には、無料プランと有料プランがあります。料金プランを選択し、登録を完了します。

1 前の画面に続いて、「料金プラン」の画面が表示されたら、無料か有料かどちらかのプランを選択します❶。［続行］をクリックします❷。

> 📖 **Notes**
> Figma について未経験であれば、無料の「スターター」プランを選びましょう。なお、利用プランの内容や料金は変更の可能性があります。最新の情報を確認してください。

2 作業目的の画面が表示されたら、[Figma を使ったデザイン] を選択して❶、［完了］をクリックします❷。これで登録作業は終了です。Figma の利用を開始できます。

> 📖 **Notes**
> Figma 社がリリースするソフトウェアには、Figma 以外に、FigJam（企画制作のホワイトボードツール）と Figma Slides（プレゼンテーションツール）があります。

✅ Check! Figma の利用プラン

無料の「スターター」プランには使用期間はなく、無期限で利用できます。一部の機能制限がありますが、Figma の初心者であれば十分の内容で、本書の内容も「スターター」プランで操作できます。
Figma を本格的に利用するようになったら、有料プランへのアップグレードを検討しましょう。有料プランには、「プロフェッショナル」「ビジネス」「エンタープライズ」があります。
チームで Figma を利用する場合は、編集権限を持ちたい人の人数分の有料プランの契約が必要になります。
プランの詳細は、以下の URL で確認してください。

https://www.figma.com/ja-jp/pricing/

学生や教育関係者向けには、無料の「エデュケーション」プランがあります。

https://www.figma.com/ja-jp/education/

「スターター」プランの主な内容

料金	無料
下書き	無制限
利用範囲	1 プロジェクト、3 ファイル、3 ページ
機能制限	開発モードは利用不可、バージョン履歴の利用期間が 30 日間、チームライブラリの共有不可、バリアブルの機能制限

3. Figma のユーザー登録が完了すると、自動でログインされて、Figma のデザイン制作の画面が表示されます❶。左上の 🖹 をクリックして❷、［ファイルに戻る］を選択します❸。

4. Figma の［ファイルブラウザ］の画面が表示されます❶。

   Notes
   本書は、デザイン操作の画面で操作していきますが、ここでは操作方法を1から学ぶために、Figma のスタート画面である［ファイルブラウザ］の画面を表示しておきます。

03　Figmaのデスクトップアプリ

Mac と Windows ユーザーには、Figma のデスクトップアプリが用意されてます。必要に応じてインストールしましょう。

1. ブラウザで以下の URL を入力し、「Figma のダウンロードページ」を開きます❶。

   | URL | https://www.figma.com/ja-jp/downloads/ |

   該当のリンクをクリックして、デスクトップアプリをダウンロードします❷。

   Notes
   本書のスクリーンショットは、Mac のデスクトップアプリを使って作成しています。

LESSON 1　Figma の概要とレッスンの準備

2 ダウンロードされたファイルをダブルクリックして❶、デスクトップアプリをインストールします。

3 Figmaのデスクトップアプリがインストールされたら、アプリを起動します❶。

4 デスクトップアプリのFigmaが起動し、ファイルブラウザが表示されます❶。

5 デザイン制作用の画面など、他の画面が表示されたときは、画面の左上にある［ ⌂ ］をクリックすると❶、ファイルブラウザが表示されます。

✅ Check!　Figmaのデスクトップアプリ

WebブラウザでFigmaを操作するFigmaとデスクトップアプリのFigmaに、操作内容やインターフェースの違いはほとんどありません。どちらでも同じ操作が可能です。

デスクトップアプリのメリットは、専用アプリケーションとして、Webブラウザに依存しないで起動・終了できることです。

さらに、PCにインストールされているフォントが使えるのもメリットです。Webブラウザ版で使用できるフォントはGoogleフォントに限られ、それ以外のフォントはFigmaの「フォントインストーラ」（Figmaのサイトから無料で入手可能）を使ってインストールする必要があります。

これらの理由により、MacもしくはWindowsユーザーであれば、デスクトップアプリをインストールするのがおすすめです。

なお、デスクトップアプリのバージョンアップのために、ユーザーがFigmaのサイトにアクセスして更新ファイルをダウンロードする必要はありません。更新時にはメッセージが表示されて、すぐにインストールできます。

LESSON 2

スマートフォンの
Webデザイン

Figmaを使った画像の配置やテキストの入力
方法を学びます。アイコンを作成しながら、
描画機能の基本をマスターしましょう。

LESSON 2 の内容

線や円、ベクトルを操作して自転車のアイコンを作ります
B F

線を描いて3本線のアイコンを作りフレーム化します
A B F

Bicycle Shop

Enjoy Bike

プラグインを使ってアイコンを配置します
E F

Type

画像とテキストを配置します **C D**

Type

テキストを入力、テキストを入力、テキストを入力、テキストを入力、テキストを入力

テキストを入力、ストを入力、テキを入力

複数行のテキストを入力します **D**

スマホ画面のフレームを作成し、グリッドやガイドを設定します **A**

レッスンで学ぶこと

A フレーム操作　　**B** 図形の描画　　**C** 画像操作
D テキスト設定　　**E** プラグイン　　**F** ファイル書き出し

LESSON 2 - 01 スマートフォン画面の作成

スマートフォン用のWebページを作るために、iPhoneの画面サイズのフレームを作成します。

01 新規ファイルの作成

Figmaの新規ファイルを作成します。最初に、ファイルブラウザの機能を確認しましょう。

1. Figmaを起動し、ファイルブラウザを表示します（17ページを参照）❶。［最近表示したファイル］を選択します❷。

❶ ファイルブラウザの表示

Figmaの新規ファイルを作成するボタンです。

FigJamとFigma Slidesのボタンです。本書では解説しません。

インポート（9ページ参照）。

この領域にファイルが表示されます。本書で操作するファイルもここに表示されます。

✓ Check!　下書き

Figmaのファイルは「下書き」と「プロジェクト」の2種類に分類して保存されます。

「下書き」へは、実用前の「企画」「アイデア」「資料」「研究」用のファイルを保存します。「プロジェクト」へは、実用段階のファイルを保存します。無料の「スターター」プランは、「下書き」へ保存できるファイル数には制限がありませんが、作成できる「プロジェクト」は1つのみ、「プロジェクト」内へ保存できるファイル数は3つまでという制限があります。

本書のファイルはFigmaの勉強用のため、「下書き」に保存して操作していきます。

② ［下書き］の［＋］をクリックして❶、［デザインファイル］を選択します❷。

Notes
ファイルブラウザの［デザインファイルを新規作成］をクリックしても同じ操作が可能です。ここでは、［下書き］のデザインファイルを確実に作成できる手順で操作しています。

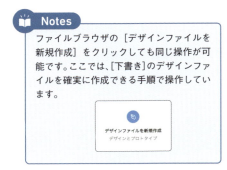

③ 新規ファイルが作成され、作業画面が表示されます。画面の名称と用途を確認しましょう。

Notes
Macのデスクトップアプリでは、ウィンドウ上にメニューが表示されます。本書では、Macのメニューは使用しません。

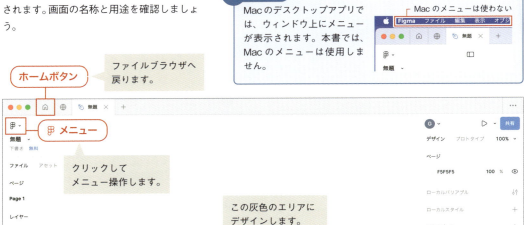

- ホームボタン: ファイルブラウザへ戻ります。
- メニュー: クリックしてメニュー操作します。
- 左パネル: ［ファイル］パネルと［アセット］パネルを操作します。
- キャンバス: この灰色のエリアにデザインします。
- 右パネル: ［デザイン］パネルと［プロトタイプ］パネルを操作します。
- ツールバー: ツールを選択します。
- ヘルプとリソース: クリックして、メニュー操作で「ヘルプ」や「使用言語の変更」「ショートカットの表示」などを行います。

Tech
Webブラウザ版のFigmaには、上図の［⌂ ホームボタン］がありません。ファイルブラウザへ戻るには、 メニュー→［ファイルに戻る］を選択します（17ページを参照）。
本書は、Figmaの最新のUI（UI3）の画面で操作していきます。旧UIからUI3へ変更するには、画面右下の ❓ をクリックして、［新しいUIを使用する］を選択します。

4. 左パネルの「無題」の文字を選択し❶、以下のテキストを入力します❷。

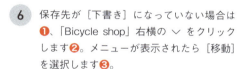

> **Tech**
> 保存のための操作は必要ありません。ファイルは、クラウド上に自動で保存されます（28ページの「Check!」を参照）。

> **Tips**
> 操作後に［元に戻す］ときは ⌘/Ctrl + Z キーを押します（28ページの「Check!」を参照）。

5. タブがファイル名になります❶。保存先として［下書き］と表示されます❷。

6. 保存先が［下書き］になっていない場合は❶、「Bicycle shop」右横の ∨ をクリックします❷。メニューが表示されたら［移動］を選択します❸。

> **Notes**
> 本書の手順どおりに操作すれば、［下書き］が保存先になります。保存先が［下書き］になっている場合は、次ページの手順に進んでください。

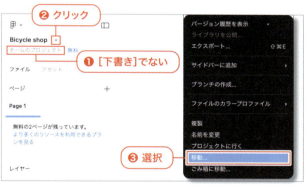

7. ダイアログが表示されたら、［All］を選択し❶、［ドラフト］を選択して❷、［移動］をクリックします❸。

02　iPhoneサイズのフレーム作成

iPhoneサイズのフレームを作成します。

1. ［♯ フレームツール］を選択します❶。［デザイン］パネルを選択し❷、［フレーム］の［スマホ］のリストから、「iPhone 16」を選択します❸。

    > **Tips**
    > ［♯ フレームツール］を選択するショートカットは F キー、もしくは A キーです。

2. 「iPhone 16 - 1」という名前が付いた長方形のフレームが作成されます❶。［ファイル］パネルを選択すると❷、［レイヤー］に、フレームを表わす記号「♯」と共に、「iPhone 16 - 1」が表示されます❸。

    > **Tech**
    > フレームは、アイテムを配置する「ステージ」になります。デバイスの画面はフレームで作ります。

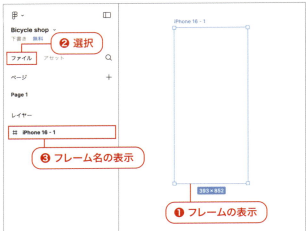

3. 「iPhone 16 - 1」のフレーム名をダブルクリックし❶、以下に変更します❷。

フレーム名	Home

    レイヤー名が自動で変更され、キャンバス上の名前と同じになります❸。

4. 余白をクリックして選択を解除します❶。レイヤー名の選択も解除されます❷。

✅ Check! スマホの画面サイズ

各国で普及しているスマホの画面サイズは、調査会社のStatCounterのサイト（https://gs.statcounter.com/）で調べることができます。

本書執筆時に日本で最も使われている画面サイズは「390 × 844px」で、このサイズはiPhone 12～iPhone 14などで採用されています。作例では、これより少し大きいiPhone 16や15 Proなどの「393 × 852px」のフレームを作成しています。

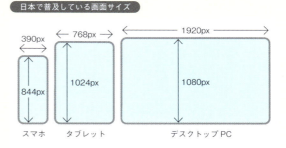

日本で普及している画面サイズ

03 レイアウトグリッドの作成

デザイン作業でオブジェクト同士の間隔や余白を揃えるために、レイアウトグリッドを設定します。

1 ［▷ 移動ツール］を選択します❶。「Home」の名前をクリックして、「Home」フレームを選択します❷。

> 🔑 **Tech**
> ［▷ 移動ツール］は、オブジェクトを選択したり、移動したりするために使用します。

2 ［デザイン］パネルを下方向へスクロールして❶、［レイアウトグリッド］の［＋］をクリックします❷。

> 🔑 **Tech**
> ［デザイン］パネルには、デザイン操作のための多数の設定があり、選択するオブジェクトによって設定内容が変わります。必要とする設定項目がパネルの下方向に隠れている場合もあるので、スクロールして探します。

✅ Check! プロパティラベル

𝄋 メニュー →[表示]→[プロパティラベル]を選択し、✓ を付けると、「プロパティラベル」が表示され、パネルの設定内容がわかりやすくなります。

プロパティラベルの表示／非表示

「プロパティラベル」あり　　「プロパティラベル」なし

3 「Home」フレームに、赤い格子状のラインが表示されます❶。[レイアウトグリッド]にある「グリッド 10px」の [田] をクリックします❷。

4 レイアウトグリッドの設定パネルが表示されたら、[グリッド] をクリックして❶、[列] を選択します❷。

5 [列] の設定パネルが表示されたら、以下のように設定します。

数	❶ 4
色・不透明度	❷ 00FFFF 10%
タイプ	❸ 左揃え
幅	❹ 72
オフセット	❺ 16
ガター	❻ 24

フレームに水色の列のレイアウトグリッドが表示されます❼。[×] をクリックして、パネルを閉じます❽。

📖 **Notes**
レイアウトグリッドの初期設定は赤色ですが、目立たない水色に変更します。

✓ Check! 列のレイアウトグリッド

レイアウトグリッドは、オブジェクトの大きさや位置を揃えるためのガイドラインです。
[グリッド][列][行] の3種類を指定でき、作例で指定した[列] は、Webのレイアウト用によく使われます。
作例では、水色の列を「4列」配置しました。スマホは「4列」、タブレットは「6列」や「8列」、デスクトップ PC は「12列」など、画面サイズが大きくなるほど、列の数を増やします。このとき、列数を偶数で指定すると、画面の左右を2分割や3分割するレイアウトがしやすくなります。
列の左右の余白を[オフセット]、列と列の間隔を[ガター] と呼びます。作例では[タイプ] を[左揃え]にしたことで、左端のオフセット値が「16px」、右端のオフセット値が「17px」となり、均等になり

ません。[タイプ] を [中央揃え] にすることで均等の「16.5px」になりますが、これでは列の位置がピクセル単位の整数にならないため、ここでは[左揃え] を選択して整数を維持しています。

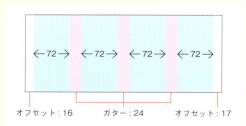

04 画面の拡大表示とスクロール

画面の拡大縮小表示やスクロールをするための、さまざまな方法を覚えましょう。

1. マウスを使っていれば、⌘/Ctrlキー（Macは Control キーも可能）を押しながらホイールを回転させることで、画面表示を拡大縮小できます❶。トラックパッドやタッチパネルを使う場合は、2本の指を広げるピンチアウトで拡大表示、2本の指を近づけるピンチインで縮小表示ができます❷。

❶ ⌘/Ctrl + ホイールを回転　　❷ ピンチアウト＆ピンチイン

2. Z キーを押している間は、[⊕ ズームツール] になり、クリックで拡大表示ができます❶。Option/Alt + Z キーを押すと ⊖ になり、クリックで縮小表示ができます❷。

   Tech
   ⊕ の状態でドラッグすると、ドラッグした範囲を拡大表示します。

拡大表示　　縮小表示

❶ Z + クリック　　❷ Option/Alt + Z + クリック

3. + キー（もしくは ⌘/Ctrl + + キー）を押すと、拡大表示できます❶。- キー（もしくは ⌘/Ctrl + - キー）を押すと、縮小表示できます❷。

   Tech
   計算用テンキー付きのキーボードには単独の + キーや - キーがあるため、このショートカットが便利です。

テンキーの - + キー

拡大表示　　縮小表示

❶ + もしくは ⌘/Ctrl + +

❷ - もしくは ⌘/Ctrl + -

4. 右パネルの右上端に、現在の「拡大表示率」が表示されます。「拡大表示率」をクリックすると❶、拡大表示に関するメニューが表示されます❷。「拡大表示率」の入力欄に数値を入力して、拡大縮小表示ができます❸。

❶ クリック
❷ 拡大表示に関するメニュー
❸ 数値入力可能

LESSON 2　スマートフォンのWebデザイン

5 Shift + 1 キーを押して［自動ズーム調整］を実行すると❶、キャンバス上の全オブジェクトが画面いっぱいに表示されます。オブジェクトを選択し❷、Shift + 2 キーを押して［選択範囲に合わせてズーム］を実行すると❸、選択したオブジェクトの範囲が画面いっぱいに表示されます。

> **Tips**
> ［自動ズーム調整］（Shift + 1）と［選択範囲に合わせてズーム］（Shift + 2）は、頻繁に使うショートカットなので覚えておきましょう。

自動ズーム調整 / 選択範囲に合わせてズーム

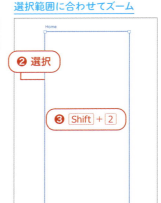

6 ［🖐 手のひらツール］を選択し❶、ドラッグすると、画面をスクロールできます❷。

> **Tech**
> トラックパッドやタッチパネルを使っている場合は、［🖐 手のひらツール］を使わずに自由な方向へスクロールできます。

> **Tips**
> ［🖐 手のひらツール］を選択するショートカットは H キーです。他のツールの選択時に Space キーを押すと、一時的に［🖐 手のひらツール］になります。

✓ Check! ファイルの保存

Figmaのファイルはクラウド上に自動で保存されるため、「保存」操作は不要です。保存されたファイルは、Figmaのファイルブラウザから開くことができます。保存関連の操作は以下になります。

❶ 元に戻す／やり直す
1つ前の状態へ戻したいときは、⌘/Ctrl + Z キーを押します。元に戻した操作を再度実行したいときは、Shift + ⌘/Ctrl + Z キーを押します。

❷ バージョン履歴に保存
左パネルのファイル名の右横の ∨ をクリックして［バージョン履歴を表示］を選択すると、30分ごとに自動保存された履歴が表示され、選択するとその状態に戻ります（無料の「スターター」プランは30日間分の履歴）。
自動保存ではなく任意で履歴化したいときは、☰ メニュー→［ファイル］→［バージョン履歴に保存］を選択します。名前や説明を付けて履歴を保存できます。

❸ ローカルへ保存
☰ メニュー →［ファイル］→［ローカルコピーの保存］を選択すると、Figmaを操作しているPC上にファイルを保存できます。

05 ガイドラインの作成

スマホの画面の「セーフエリア」の領域を示すために、ガイドラインを作ります。

1 27ページの方法で、画面を拡大表示します。右パネルの拡大率が200%程度になるまで拡大したら❶、スクロールしてフレームの上部を表示します❷。

2 Shift + R キーを押して❶、キャンバス左端と上端に定規を表示します❷。上部の定規から下方向へドラッグして、赤いガイドラインを表示します❸。定規に「59」と表示されるところでドラッグをやめます❹。「59」は、iPhoneの「セーフエリア」の数字です。

> 💡 **Tips**
> Shift + R キーは、日 メニュー → [表示] → [定規] のショートカットです。実行するたびに、定規の表示・非表示が切り替わります。定規が表示されているときのみ、ガイドラインも表示されます。

✅ Check! セーフエリア

縦置きのスマホの上部には「カメラのレンズ」があり、「時刻」「ネットワーク」「バッテリー」などからなる「ステータスバー」があります。また、iPhoneの下部にはホーム画面に切り替える「ホームインジケータ」があります。こうした領域を除いた「デザイン可能な領域」を「セーフエリア」と呼びます。作例では縦置きの上部のセーフエリアを明確にするため、ガイドラインを作成しています。

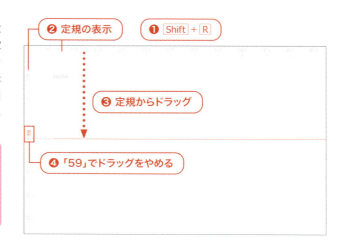

iPhone 16 のセーフエリア

LESSON 2
02 画像とテキストの基本操作

画像を配置して、サイズを変更します。テキストを入力して、フォントやサイズ、行間などの書式設定を行います。

01 画像の配置

サンプル 2-02-01.fig

フレームに画像を配置して、画像の大きさを調整します。

1 Shift + 1 キーを押して［自動ズーム調整］を実行し、「Home」フレームの全体を表示します❶。［▷ 移動ツール］を選択し❷、余白をクリックして選択を解除します❸。Shift + ⌘/Ctrl + K キーを押して、［画像を配置］を実行します❹。

> **Tips**
> Shift + ⌘/Ctrl + K キーは、田メニュー→［ファイル］→［画像を配置］のショートカットです。ツールバーから［🖼 画像/動画］を選択しても同じ操作ができます。

2 ファイル選択のウィンドウが表示されたら、本書用のデータ「Lesson2」>「2-02」>「img」から以下の画像ファイルを選択します❶。

| ファイル名 | bike_shop.jpg |

［開く］をクリックします❷。

> **Notes**
> 拡張子「.jpg」が表示されないときは、MacやWindowsの設定を変更して拡張子を表示させてください。

3 キャンバスに戻ると、ポインタの形状が選択した画像のサムネイルに変化しています❶。Shift キーを押しながら、「Home」フレームの左端から斜め下の右端までドラッグします❷。

> **Tech**
> Shift キーを押しながらドラッグすると、縦横比を維持したまま画像を配置できます。

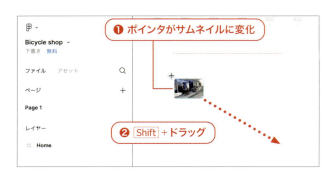

030

④ 画像が配置されます。画像が選択された状態で❶、[位置]と[サイズ]を以下のように設定します。

X	❷ 0	Y	❸ 120
W	❹ 393	H	❺ 262

🗝 Tech
[X]はフレームの左端、[Y]はフレームの上端からの位置です。[W]はオブジェクトの幅、[H]はオブジェクトの高さです。

⑤ 画面の拡大率を「150%」以上にします❶。画像の底辺にポインタを置いて、ポインタが↕に変化したら上方向へドラッグし❷、「393×168」と表示されたところでドラッグをやめます❸。画像ボックスの高さが縮小し、ボックス内の画像が上へ移動します。

🗝 Tech
ドラッグ操作で画像ボックス内の画像が変形されてしまう場合は、画像をダブルクリックして[カスタム]パネルを表示し、[調整方法]を[トリミング]から[拡大]に変更してください。

02 長方形への画像の配置

長方形の図形を作成したのち、長方形に画像を挿入します。

① [□ 長方形ツール]を選択します❶。先に配置した画像の幅にあわせて左上から右下までドラッグして、自由な高さで長方形を作ります❷。[レイヤー]には「Home」より一段下がった位置に、「Rectangle」(長方形)が表示されます❸。

💡 Tips
[□ 長方形ツール]を選択するショートカットはRキーです。

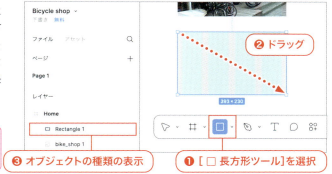

② 長方形が選択された状態で、[位置]と[サイズ]を以下のように設定します。

X	❶ 0	Y	❷ 360
W	❸ 393	H	❹ 200

③ Shift + ⌘/Ctrl + K キーを押して、[画像を配置] を実行します❶。ファイル選択のウィンドウが表示されたら、本書用のデータ「Lesson2」>「2-02」>「img」から以下の画像ファイルを選択します❷。

| ファイル名 | bike_sports.jpg |

[開く] をクリックします❸。

④ キャンバスに戻ると、ポインタの形状が選択した画像のサムネイルに変化しています❶。長方形の上をクリックします❷。

> 💡 Tips
> 画像配置の操作は、Esc キーを押すことで中止できます。

⑤ 自転車の画像が長方形内に配置されたら、画像をダブルクリックします❶。

> 🔑 Tech
> 長方形内に画像を配置すると、画像の縦と横の長い方にあわせて最大になるように配置されます。作例の長方形は高さが低いため、自転車の上と下が切れて表示されません。

✅ Check! 画像の配置

画像の配置には、以下のようなルールがあります。

❶ 画像形式
配置できるのは以下の形式です。Photoshop（.psd）、Illustrator（.ai）、PDF（.pdf）は配置できません。

配置可能なファイル形式

ビットマップ画像	PNG
	JPEG
	GIF ※GIFアニメーションにも対応
	HEIC ※Appleの画像形式
	WebP ※Googleの画像形式
ベクター画像	SVG

❷ 画像の埋め込み
配置された画像は Figma のファイルに埋め込まれ、元の画像ファイルとリンクしません。そのため、画像の配置後に元の画像ファイルを移動・削除しても、Figma のファイルには影響しません。

❸ ビットマップ画像のピクセル数
ビットマップ画像は、オリジナルのピクセル数で配置されます。ただし、4096px を超える画像は、自動で 4096px に縮小して配置されます。大きなサイズの画像を多数配置すると、ファイルを開くのが遅くなる場合があるので注意が必要です。

6. ［カスタム］パネルが表示されたら、［調整方法］を以下のように設定します❶。

調整方法	サイズに合わせる

自転車の画像が、長方形内にフィットするように縮小されます❷。

> **Tech**
> パネルは、右上の［×］をクリックするか、キャンバス上の選択を解除すると、閉じることができます。

> **Tips**
> 画像を選択して Return/Enter キーを押しても、［カスタム］パネルを表示できます。

❷ 長方形内に画像が収まる

7. 画像が選択された状態で、右辺にポインタを置きます。ポインタの形状が ↔ に変化したら Option/Alt + ⌘/Ctrl を押しながらドラッグし❶、「301 × 200」と表示されたところでドラッグをやめます❷。画像ボックスの左辺の境界線も、中心に向けて同時に小さくなります❸。

> **Tech**
> 画像ボックスの境界線を ⌘/Ctrl キーを押しながらドラッグすると、画像の位置を変えずに境界線のみを移動できます。Option/Alt キーを同時に押すと、境界線の両端が中心方向へ移動します。

❶ Option/Alt + ⌘/Ctrl + ドラッグ
❸ 左辺も同時に縮む
❷ 「301×200」でドラッグをやめる

03 テキストの入力と書式設定

テキストを入力し、書式や文字色を設定します。

1. ［T テキストツール］を選択します❶。上部の赤いガイドラインと、レイアウトグリッドの2列目の左端が交差するあたりをクリックし❷、以下のテキストを入力します❸。

入力文字	Bicycle Shop

> **Tips**
> ［T テキストツール］を選択するショートカットは T キーです。

❷ クリック
❶ ［T テキストツール］を選択
❸ 「Bicycle Shop」と入力

LESSON 2 スマートフォンのWebデザイン

033

② テキストを入力すると、[T テキストツール] が [▷ 移動ツール] に切り替わります❶。テキストの外側をクリックして入力を完了すると❷、テキストボックスが選択されます❸。

> 💡 **Tips**
> [Esc] キーを押しても、入力を完了できます。

> 💡 **Tips**
> [▷ 移動ツール] のショートカットは [V] キーです。

③ [タイポグラフィー] のフォント名をクリックします❶。[フォント] パネルが表示されたら、検索欄に「robo」と入力します❷。フォント名のリストから以下を選択します❸。

フォント	Roboto

> 🔑 **Tech**
> 「Roboto」は Google フォントです。Google フォントについて、詳しくは 232 ページを参照してください。

④ テキストボックスが選択された状態で、[タイポグラフィー] の [ウェイト] と [フォントサイズ] を以下のように設定します。

ウェイト	❶ Condensed Medium
フォントサイズ	❷ 32

⑤ [塗り] のカラーコードを選択して、以下の文字を入力します❶。

塗りの色	CF6161

[Return/Enter] キーを押すと、テキストが赤色になります❷。

> 🔑 **Tech**
> 文字の輪郭内や図形の境界線内の領域を [塗り] と呼びます。

> 🔑 **Tech**
> カラーコードは、小文字で入力してもかまいません。コーディング時に必要な「#」の入力は不要です。カラーコードについて、詳しくは 233 ページを参照してください。

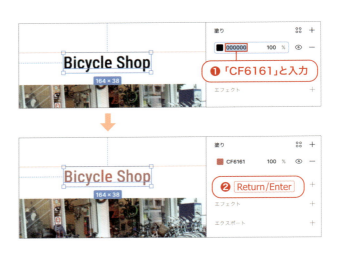

034

04 テキストの複製と編集

作成したテキストを複製し、編集作業を行います。

1. テキストボックスが選択された状態で⌘/Ctrl＋Dキーを押し、［複製］を実行します❶。テキストボックスが複製されて真上に重なるので❷、下方向へドラッグして画像の上へ移動します❸。

   💡 **Tips**
   ⌘/Ctrl＋Dキーは ƒ メニュー →［編集］→［複製］のショートカットです。

2. ［タイポグラフィー］の［配置］を以下のように設定します❶。

配置	≡ テキスト中央揃え

3. ［タイポグラフィー］のフォント名「Roboto」をクリックします❶。［フォント］パネルの検索欄に「fuga」と入力します❷。フォント名のリストから以下を選択します❸。

フォント	Fugaz One

4. 「Bicycle Shop」をダブルクリックしてテキストを選択し❶、以下のテキストを入力します❷。

入力文字	Enjoy Bike

5. テキストボックスを選択し❶、［タイポグラフィー］の［フォントサイズ］を以下のように設定します❷。

フォントサイズ	56

   💡 **Tips**
   ［フォントサイズ］の入力欄を選択してShift＋⌘/Ctrl＋＞キーを押すと、数値が大きくなります。Shift＋⌘/Ctrl＋＜キーを押すと、数値が小さくなります。

6 テキストボックスが選択された状態で、［塗り］のカラーサムネールをクリックします❶。［カスタム］パネルが表示されたら、［このページ上］を選択し❷、白色のカラーサムネールをクリックします❸。

> 🔑 **Tech**
> 現在のページで使用されている色は、カラーパネルの［このページ上］に自動で登録されます。作例で登録されている白色は、iPhoneサイズのフレームの背景色で使用している色です。

7 テキストの［塗り］が以下のカラーコードに変わり、白色になります❶。

塗りの色	FFFFFF

8 テキストボックス内にポインタを置き、ドラッグします❶。水平と垂直を示す赤い十字のスナップラインが表示されたところでドラッグをやめ❷、テキストと画像を中央で揃えます。

> 🔑 **Tech**
> オブジェクトをドラッグして移動すると、他のオブジェクトと揃えるためのスナップラインが表示されます。

9 テキストボックスが選択された状態で、ポインタをテキストボックスの周囲に移動します❶。Option/Alt キーを押すと❷、背景の画像との距離が表示されます❸。

> 💡 **Tips**
> オブジェクトを選択した状態で Option/Alt キーを押すと、周囲との距離が表示されます。

036

10 「Bicycle Shop」のテキストボックスを選択します❶。Shift + Option/Alt キーを押しながら下方向へドラッグし、自転車の画像の下へ複製します❷。

> 💡 **Tips**
> Option/Alt キーを押しながらオブジェクトをドラッグすると、複製できます。その際にポインタが ▶ から ▶ に変化します。

11 「Bicycle Shop」をダブルクリックしてテキストを選択し❶、以下のテキストを入力します❷。

入力文字	Type

12 テキストボックスを選択し❶、［タイポグラフィー］の［配置］を以下のように設定します❷。

配置	≡ テキスト中央揃え

05 複数行のテキスト入力

複数行にわたる長文のテキストを入力し、段落に関する設定を行います。

1 本書用のデータ「Lensson2」>「2-02」>「txt」にある以下のファイルを、テキストエディタで開きます❶。

ファイル名	copy1.txt

テキストをすべて選択して ⌘/Ctrl + C キーを押し、［コピー］を実行します❷。

> 📖 **Notes**
> テキストエディタは、「テキストエディット」(Mac)、「メモ帳」(Windows) などのアプリケーションです。

② ［T テキストツール］を選択します❶。「Type」の下、レイアウトグリッドの 1 列目から 4 列目までの幅でドラッグして、自由な高さでテキストボックスを作成します❷。

> 🔑 **Tech**
> ［T テキストツール］でドラッグすると、テキストボックスが作られます。空のテキストボックスの外側をクリックすると消失するので、クリックしないようにします。

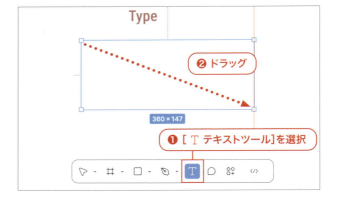

③ カーソルが点滅した状態で ⌘/Ctrl + V キーを押し、［ペースト］を実行します❶。テキストの外側をクリックして、テキストボックスを選択します❷。

> 🔑 **Tech**
> ［T テキストツール］で新しくテキストを入力すると、直前に選択していたテキスト（手順通りに操作していれば「Type」）のフォントとフォントサイズになります。テキストを選択していないときは、初期設定の「Inter」フォント「12px」になります。

④ ［タイポグラフィー］のフォント名をクリックします❶。［フォント］パネルの検索欄に「noto sans jp」と入力し❷、以下のフォント名が表示されたら、選択します❸。

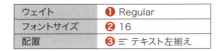

⑤ ［タイポグラフィー］を以下のように設定して、2 行のテキストにします。

ウェイト	❶ Regular
フォントサイズ	❷ 16
配置	❸ ≡ テキスト左揃え

⑥ ［レイアウト］の［サイズ調整］を、以下のように設定します❶。

サイズ調整	⇥ 高さの自動調整

テキストボックスの高さが、自動でテキストに揃います。

7 [タイポグラフィー]の[A 行間]に、以下のように入力します❶。必ず「%」を付けて入力します。

A 行間	150%

8 [位置]を以下のように設定します。

X	❶ 16	Y	❷ 640

[レイアウト]で、幅を以下のように設定します。

W	❸ 296

Tech
手順⑥で[サイズ調整]を[≡ 高さの自動調整]に設定していると、テキストの行数にフィットするように自動で高さが変わります。

9 テキストボックスが選択された状態で、[位置合わせ]の[╪ 水平方向の中央揃え]をクリックします❶。テキストボックスが、「Home」フレームの幅の中央で揃います❷。

Tech
1個のオブジェクトを選択して、[位置]の[位置合わせ]のアイコンをクリックすると、オブジェクトの親フレームに対して位置が揃います。

LESSON 2 スマートフォンのWebデザイン

✓ Check! 行間の指定

[行間]の初期設定の単位は「px」です。「%」を付けて入力することで、フォントサイズにパーセントを掛け算した行間になります。たとえば、「16px」のテキストの[A 行間]に「150%」と入力すると、16px × 150% = 24pxの行間になります。
フォントサイズが大きくなると、読みやすくするために行間を広げる必要があります。「%」で指定すると、フォントサイズが変わるたびに自動で行間が変わるので、指定し直す必要がありません。
CSSでは行間指定を「%」で行うことが多く、Figmaの設定をそのまま利用できます。Figmaの[行間]は、CSSの「line-height」と同じ仕組みで、行の「前後の余白」を含んだ1行分の大きさになります。

行間の%指定の仕組み

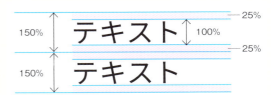

039

LESSON 2
03 アイコンの作成

図形を描画して、ハンバーガーアイコン、自転車アイコンを作成します。プラグインを使って、虫眼鏡アイコンを配置します。

01 格子状のレイアウトグリッド　　サンプル 2-03-01.fig

アイコンを作成するために、格子状のレイアウトグリッドを設定します。

1. 「Home」フレームを選択し❶、[レイアウトグリッド]の[＋]をクリックします❷。

2. 「グリッド10px」が追加されたら、[▦]をクリックして設定パネルを表示します❶。[グリッド]を選択し❷、[サイズ]を以下の値に設定します❸。

サイズ	8

3. 8pxのグリッドラインが表示されます❶。

✓ Check! グリッドシステム

[レイアウトグリッド]で[グリッド]を選択すると、製図ノートのような格子状のラインが表示されます。これにより、1px未満の端数が生じないデザイン・レイアウトが可能になります。

デジタルデバイスでは、PCモニタの「1920×1080px」やAndroidの「360×800px」など、8で割り切れる画面サイズがほとんどです。また、各デバイスが使用する標準的な画像サイズも、8で割り切れます。そのため、格子の大きさを「8px」に設定した「8pxグリッドシステム」と呼ばれる方法がよく使われます。

8で割り切れる数字によるレイアウト例

02 直線の描画

3本の直線を描画して、ハンバーガーメニュー用のハンバーガーアイコンを作成します。

1 「Home」フレームの左上を、グリッドの格子が大きく見えるように、拡大表示します❶。[／直線ツール]を選択します❷。Shiftキーを押しながら水平方向にドラッグして、4マス分の「32×0」の水平線を作成します❸。

> 💡 **Tips**
> [／直線ツール]を選択するショートカットは L キーです。

2 線が選択された状態で、[位置]を以下のように設定します。

X	❶ 24	Y	❷ 72

続いて[レイアウト]で幅が以下であることを確認します❸。

W	32

3 [線]の[太さ]を以下のように設定します❶。

三 太さ	4

Return/Enter キーを押して、太さを確定します❷。

4 線が選択された状態で、I キーを押して離します❶。ポインタの形状が 🖋 になるので「Bicycle Shop」の文字の上に乗せると❷、フローティングパネルが現れ、カラー情報が表示されます❸。そのまま文字の上でクリックすると❹、カラー抽出されて、線の色が「B」と同じカラーコードになります❺。

> 🗝 **Tech**
> I キーは押し続けるのではなく、1回押すだけです。クリックして色を適用するまで、🖋 の状態が続きます。

> 💡 **Tips**
> Mac は I キーだけでなく、Control + C キーを押しても色を選択できます。

041

5 線が選択された状態で ⌘/Ctrl + D キーを押し、[複製] を実行します❶。線が複製されて重なり、選択された状態になります❷。[レイヤー] では、「Line 1」の上にそのコピーの「Line 2」が表示されます❸。

6 「Line 2」が選択された状態で、[位置] の [Y] の数値「72」の後ろに「+10」と入力して❶、Return/Enter キーを押します❷。[Y] の数値が自動計算されて❸、「Line 2」が下方向に「10」移動します❹。

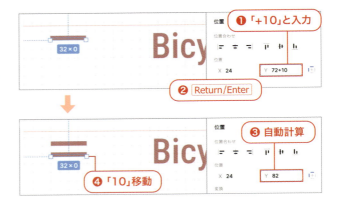

7 もう一度 ⌘/Ctrl + D キーを押し、[複製] を実行します❶。同じ「10」の間隔で❷、3本目の線が複製されます❸。

> **Tech**
> 移動を行ったのち [複製] を実行すると、同じ距離と方向で複製できます。

✓ Check! 数値入力の3つの方法

❶ 上下のキー操作
入力欄を選択し、▲ もしくは ▼ キーを押すと、1 ずつ増減します。Shift キーを押しながら ▲ もしくは ▼ キーを押すと、10 ずつ増減します。

❷ 演算記号
入力欄では「+」(足し算)「-」(引き算)「*」(掛け算)「/」(割り算)「%」(パーセンテージ)「^」(累乗) の演算記号を使って計算できます。通常の数式と同じように、( ) で囲んで優先させることができます。

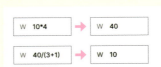

❸ ドラッグ操作
入力欄の左側にポインタを置くと ↔ が表示され、左右のドラッグで数値が増減します。キーボードを使わずに、ドラッグ操作だけで数値を変更できます。

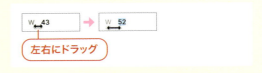

03 選択範囲のフレーム化

3本線を包み込むフレームを作成し、ハンバーガーアイコンのタップ領域を広げます。

1 ［▷ 移動ツール］が選択された状態で❶、3本の線の一部に触れるようにドラッグして❷、3本の線をすべて選択します❸。Option/Alt＋⌘/Ctrl＋Gキーを押して、［選択範囲のフレーム化］を実行します❹。

> **Tips**
> Option/Alt＋⌘/Ctrl＋Gキーは 目 メニュー →［オブジェクト］→［選択範囲のフレーム化］のショートカットです。

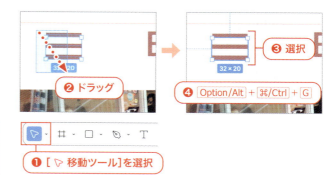

2 キャンバス上で見た目の変化はありませんが、3本の線を含んだフレームができます❶。［レイヤー］には、フレームを表す「#」の付いたフレーム名「Frame1」が表示されます❷。フレーム名にポインタを移動し、＞が表示されたらクリックして展開します❸、フレームの中の3個の「Line」が表示されます❹。

3 3本の線のフレームが選択された状態で⌘/Ctrl＋Rキーを押して❶、レイヤー名を選択します❷。以下の名前に変更します❸。

レイヤー名	Hamburger

> **Tips**
> オブジェクトを選択して⌘/Ctrl＋Rキーを押すと、レイヤー名を選択できます。

4 「Hamburger」フレームが選択された状態で、⌘/Ctrlキーを押しながら、フレームの上辺を2個上のグリッド（赤いガイドの上のグリッド）までドラッグします❶。次に、⌘/Ctrlキーを押しながら、下辺を2個下のグリッドまでドラッグして、「32 × 48」の大きさにします❷。

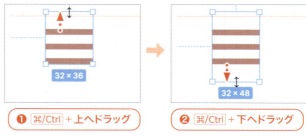

5. ⌘/Ctrl キーを押しながら、フレームの左辺を1個左のグリッドまでドラッグします❶。最後に ⌘/Ctrl キーを押しながら、右辺を1個右のグリッドまでドラッグして、「48 × 48」の大きさにします❷。

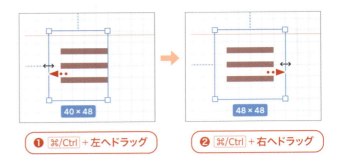

✓ Check! 指で操作できる最小サイズ

ここで行ったように、アイコンよりもひと回り大きい透明のフレームを作ることで、タップできる領域を広げることができます。作例では、ハンバーガーアイコンの周りのフレームの大きさを「48 × 48」にしました。

Web 技術の標準化を行う団体 W3C は、タッチまたはマウスで操作できる最小サイズを「44 × 44px」としていて、iOS のガイドラインも同じサイズを推奨しています。

Android は、それよりも若干大きい「48 × 48px」を推奨しています。また、操作するオブジェクトが複数並ぶ場合には、近づきすぎないようにする必要があり、最小「8px」の間隔が推奨されています。

操作可能な推奨最小サイズ

OS	ピクセル数	表示サイズ
iOS	44×44px	7×7mm
Android	48×48px	9×9mm

※「表示サイズ」は標準的なスマホで表示した際の実寸サイズです

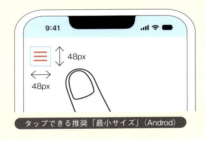

タップできる推奨「最小サイズ」（Andorid）

アイコン同士の推奨「最小間隔」（Android）

04 円の作成

サンプル 2-03-04.fig

自転車アイコンを作成します。最初に円を描画して、自転車アイコンのタイヤを作ります。

1. ［○ 楕円ツール］を選択します❶。Shift キーを押しながら、「Bicycle Shop」の上でグリッド縦2個×横2個分ドラッグして、「16 × 16」の円を作成します❷。［位置］を以下のように設定します。

| X | ❸ 112 | Y | ❹ 32 |

💡 **Tips**
［○ 楕円ツール］を選択するショートカットは O キーです。

2. 円が選択された状態で、[塗り]の[－]をクリックして、円の塗りを削除します❶。

> 💡 **Tips**
> [塗り]のカラー設定を削除するショートカットは Option/Alt + / キーです。

3. [線]の[＋]をクリックして、線を追加します❶。

4. I キーを押して離します❶。ポインタの形状が 🖋 になったら「Bicycle Shop」の「B」をクリックして❷、線の色を「B」と同じカラーコード（CF6161）に設定します❸。次に、[太さ]を以下の値に設定します❹。

| 太さ | 3 |

5. 円が選択された状態で ⌘/Ctrl + D キーを押し、[複製]を実行します❶。複製されて上に重なった円を、Shift キーを押しながら右へドラッグします❷。グリッド1マス（8px）分を空けて移動します❸。

05 複数の線のグループ化

複数の線を組み合わせて、自転車アイコンのスポークを作成します。

1. [／ 直線ツール]を選択します❶。Shift キーを押しながら、円の上でグリッド3マス分（8px×3マス＝24px）の長さを水平にドラッグし❷、以下の長さの水平線を作ります❸。

| W | 24 |

2 再度［／ 直線ツール］を選択し❶、Shift キーを押しながら下方向に「10px」ドラッグし❷、以下の長さの垂直線を作ります❸。

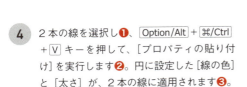

> 🔑 **Tech**
> 垂直線は、90度回転した水平線として、[W] に「10」が設定されます。

3 円を選択し❶、Option/Alt + ⌘/Ctrl + C キーを押して、［プロパティをコピー］を実行します❷。

> 💡 **Tips**
> Option/Alt + ⌘/Ctrl + C キーは、⊞ メニュー → ［編集］ → ［プロパティをコピー］のショートカットです。

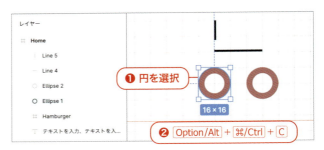

4 2本の線を選択し❶、Option/Alt + ⌘/Ctrl + V キーを押して、［プロパティの貼り付け］を実行します❷。円に設定した［線の色］と［太さ］が、2本の線に適用されます❸。

> 💡 **Tips**
> Option/Alt + ⌘/Ctrl + V キーは、⊞ メニュー → ［編集］ → ［プロパティの貼り付け］のショートカットです。コピーされた属性値がペーストされます。

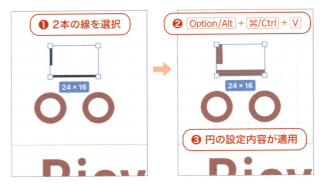

5 2本の線が選択された状態で、［位置合わせ］の［⊥ 下揃え］をクリックし❶、2本の線を下端で揃えます❷。次に、［╪ 水平方向の中央揃え］をクリックし❸、縦線を横線の中央で揃えます❹。

> 🔑 **Tech**
> ［╪ 水平方向の中央揃え］は、縦線の幅の左端で中央に揃えるため、見た目には横線の中央になりません。

> 💡 **Tips**
> ［⊥ 下揃え］のショートカットは Option/Alt + S キー、［╪ 水平方向の中央揃え］のショートカットは Option/Alt + H キーです。

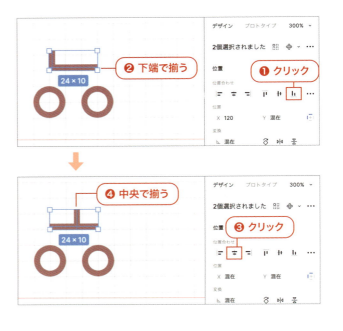

046

6　2本の線が選択された状態で、⌘/Ctrl + G キーを押して［選択範囲のグループ化］を実行します❶。

> **Tips**
> ⌘/Ctrl + G キーは、甲メニュー →［オブジェクト］→［選択範囲のグループ化］のショートカットです。

7　グループ化した2本の線が選択された状態で、［位置］の回転角度を以下の値に設定します❶。

グループが反時計回りに傾きます。

8　2本の線のグループをドラッグして、左端が左の円の中心になるように移動します❶。［位置］を以下のように設定します。

| X | ❷ 115 | Y | ❸ 33 |

06　線の描画と角の設定

V字型の線を作成し、自転車アイコンのハンドル部分を作ります。

1　画面表示を400%以上に拡大します❶。［ペンツール］を選択して❷、右の円の中心をクリックします❸。

> **Tips**
> ［ペンツール］を選択するショートカットは P キーです。

2　続いて、左斜め2マス上をクリックします❶。最後に、右1マス目をクリックします❷。

LESSON 2　スマートフォンのWebデザイン

047

3 ツールバーの [×閉じる] をクリックして❶、[✎ ペンツール] の操作を終了します。

> 💡 **Tips**
> Return/Enter キーを押しても [✎ ペンツール] の操作を終了できます。または、最後のポイントをダブルクリックしても終了できます。

4 線が選択された状態で、[線] を以下の値に設定します。

線の色	❶ CF6161
言 太さ	❷ 3

5 線が選択された状態で、[線] の [◊◊] をクリックします❶。[線の設定]パネルの [結合] で、以下を選択します❷。

結合	⌐ 丸型

線のコーナーが丸くなります❸。

> 🔑 **Tech**
> [結合] は、線のコーナーの形状の設定です。鋭角の [⌐ マイター]、直線でカットされた [⌐ ベベル]、[⌐ 丸型] の3種類から選択できます。

07 直線を曲線に変換

長方形を作成したのち、コーナーを丸くして自転車アイコンのサドルを作成します。

1 [□ 長方形ツール] を選択し❶、自転車アイコンの左上でドラッグし、小さな長方形を作成します❷。作成した長方形は、以下の大きさに変更します。

| W | ❸ 10 | H | ❹ 5 |

048

2 長方形が選択された状態で、[塗り] を以下の値に設定します❶。

塗りの色	CF6161

3 画面を 800% 以上に拡大表示し❶、1px 単位のグリッドを表示します❷。長方形をダブルクリックして❸、長方形に斜線が表示された「パスの編集モード」にします❹。右上の丸い「ポイント」を選択して下にドラッグし、右辺を縮めます❺。

> **Tech**
> [✏ ペンツール] や [▢ 長方形ツール] などで作成した図形をダブルクリックすると、「パスの編集モード」になります。

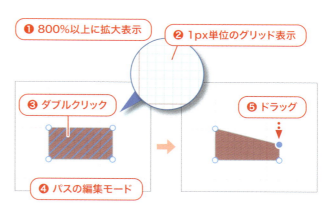

4 オブジェクトの外側をクリックして、右上のポイントの選択を解除します❶。ツールバーの [✒ 曲線ツール] を選択します❷。左上の「ポイント」に移動し❸、右斜め上へドラッグして「ポイント」から「ハンドル」を伸ばし❹、コーナーを曲線にします。ツールバーの [×閉じる] をクリックして、「パスの編集モード」を終了します❺。

> **Tech**
> [✒ 曲線ツール] で「ポイント」をドラッグすると、「ハンドル」が伸びて直線が曲線になります。ハンドルの先頭をドラッグして方向や長さを変えると、曲線の形が変わります。
>
>

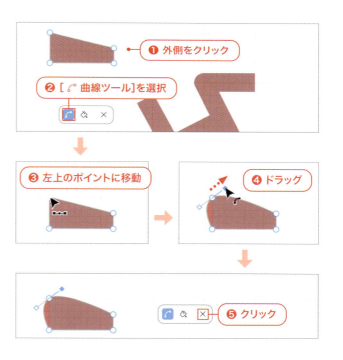

5 変形したオブジェクトをドラッグして❶、先に作成した自転車のオブジェクトの上へ移動します。

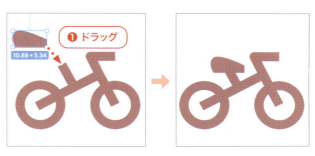

049

08 拡大縮小と線のアウトライン化

線のオブジェクトをアウトライン化して長方形に変換し、自転車アイコンを完成します。

1. 自転車のオブジェクトをドラッグして❶、すべてを選択します❷。[拡大縮小ツール] を選択します❸。

   > **Tips**
   > [拡大縮小ツール] を選択するショートカットは [K] キーです。

2. 画面表示が 800% 程度に拡大された状態で、[Shift] キーを押しながら右上のコーナーを外側へドラッグします❶。[W] が以下の数字になったら、操作を終えます❷。

   | W | 45 |

   > **Tech**
   > [移動ツール] でドラッグして拡大すると、線の太さが維持されて、太くなりません。[拡大縮小ツール] を使って拡大すると、線も同時に太くなります。

3. [Shift] + [⌘/Ctrl] + [O] キーを押して、[アウトラインの表示] を実行します❶。キャンバスがアウトライン（境界線）で表示されます。「線」で作られた車輪やスポークは点線で表示され❷、「塗り」で作られたサドルやテキストは実線で表示されます❸。

   > **Tech**
   > アウトライン表示のまま編集作業が可能です。アウトラインの線を操作することで、オブジェクトの移動や変形ができます。

   > **Tips**
   > [Shift] + [⌘/Ctrl] + [O] キーは、田 メニュー → [アウトライン] → [アウトラインの表示] のショートカットです。Mac は、[⌘/Ctrl] + [Y] キーでも同じ操作が可能です。こちらは、Illustrator でアウトライン表示する場合と同じショートカットです。Mac の Illustrator ユーザーは覚えやすいでしょう。

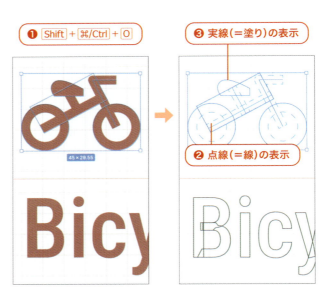

4 もう一度、Shift + ⌘/Ctrl + O キーを押して［アウトラインの表示］を実行し、アウトラインを非表示にします❶。オブジェクトが選択された状態で Option/Alt + ⌘/Ctrl + O キーを押し、［線のアウトライン化］を実行します❷。再度 Shift + ⌘/Ctrl + O キーを押して［アウトラインの表示］を実行すると❸、点線で表示されていた車輪やスポークが実線になり、「塗り」に変換されたことを確認できます❹。

> **Tips**
> Option/Alt + ⌘/Ctrl + O キーは、🍔 メニュー →［オブジェクト］→［線のアウトライン化］のショートカットです。線をアウトライン化することで、［線］の太さが変わって形が変わるトラブルを回避できます。

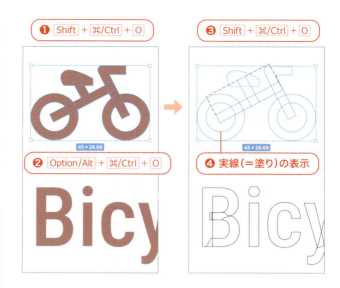

09 選択範囲の統合

自転車アイコンの複数の図形を結合して、1個のレイヤーに変換します。

1 もう一度 Shift + ⌘/Ctrl + O キーを押して、［アウトラインの表示］を実行し、アウトラインを非表示にします❶。［▷ 移動ツール］を選択し❷、自転車を選択し直します❸。［レイヤー］の5個のオブジェクトが選択されます❹。

> **Tech**
> ［⛶ 拡大縮小ツール］の操作を終えても、自動で［▷ 移動ツール］の選択には切り替わりません。［▷ 移動ツール］を手動で選択し直す必要があります。

2 ⌘/Ctrl + E キーを押して、［選択範囲を統合］を実行します❶。自転車の複数のオブジェクトが、1個に変換されます❷。

> **Tech**
> 複数のオブジェクトが1個に統合されることで、選択しやすくなります。

> **Tips**
> ⌘/Ctrl + E キーは、🍔 メニュー →［オブジェクト］→［選択範囲を統合］のショートカットです。

3. 自転車が選択された状態で Option/Alt + ⌘/Ctrl + G キーを押して、[選択範囲のフレーム化] を実行します❶。

4. 自転車アイコンが選択された状態で ⌘/Ctrl + R キーを押して、レイヤー名を選択します❶。以下の名前に変更します❷。

| レイヤー名 | Bicycle |

これで、自転車アイコンが完成です。

10 Iconifyプラグインによるアイコンの配置　　サンプル 2-03-10.fig

Iconify プラグインを使って、虫眼鏡アイコンを配置します。

1. [アクションツール] を選択します❶。パネルが表示されたら、[プラグインとウィジェット] を選択します❷。Iconify プラグインをはじめて使用する場合は、検索欄に「iconify」と入力し❸、「Iconify」が表示されたらクリックします❹。

   Notes
   「Iconify」は、公開されているアイコンを検索し、配置できる無料のプラグインです。過去に使用していれば、[プラグインとウィジェット] のリストに表示されます。

   Tips
   [アクションツール] を選択するショートカットは ⌘/Ctrl + K キーです。

2. Iconify プラグインをはじめて使用する場合は「Iconify」の紹介が表示されます。[実行] をクリックします❶。

③ [Iconify] パネルが表示され、アイコンセット名が表示されたら「Material Symbols」をクリックします❶。

> 📖 **Notes**
> 検索時にはたくさんのアイコンがヒットするため、ここでは「Material Symbols」セットに絞り込みます。以前、Iconifyプラグインを操作したことがあると、その操作内容で画面が表示され、右図の画面にならないことがあります。左上の［Import］をクリックすると、右図の画面になります。

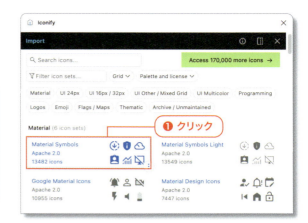

④ 「Material Symbols」のアイコンセットが表示されます❶。検索欄に「search」と入力し❷、［🔍］をクリックします❸。

> 📖 **Notes**
> 「Material Symbols」はGoogleが開発したアイコンセットです。

⑤ 検索されたアイコンの中から、最初のアイコン（material-symbols:search）をクリックします❶。

> 📖 **Notes**
> アイコンの右下の［⋮］をクリックすると、アイコンの名前が表示されます。

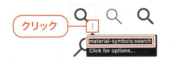

⑥ 選択したアイコンがパネルの下端にプレビュー表示されたら❶、大きさと色を以下のように設定します。

Size	❷ 40
Color	❸ #CF6161

> 📖 **Notes**
> ［Color］のカラーコードは先頭に「#」を入力します。

LESSON 2 スマートフォンのWebデザイン

053

7 キャンバスを縮小表示し❶、プレビュー表示のアイコンをキャンバス上にドラッグ＆ドロップします❷。配置先はどこでもかまいません。配置したら、[Iconify] ウィンドウを閉じます。

> **Tech**
> [Iconify] パネルの一番下にある [# Import as frame] ボタンをクリックしても、アイコンを配置できます。しかしこの方法は配置された場所を見つけにくい場合があるため、ここではドラッグ＆ドロップで配置しています。

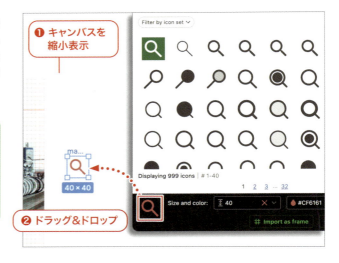

11 フレームのサイズ調整

Iconify プラグインを使って配置した虫眼鏡アイコンの、フレームの大きさを変更します。

1 「material-symbols:search」フレームを選択し❶、「Home」フレーム内へ移動します❷。

> **Notes**
> 必ず、「material-symbols:search」フレームを選択して移動してください。フレームの中の「Vector」だけを選択して移動しないように注意が必要です。

2 「material-symbols:search」フレームが選択された状態で、[位置] を以下のように設定します。

| X | ❶ 328 | Y | ❷ 64 |

3 「material-symbols:search」フレームを拡大表示します❶。境界線の右下コーナーを ⌘/Ctrl キーを押しながらドラッグして❷、グリッド1マス分を拡大し、フレームを以下の大きさにします。

| W | ❸ 48 | H | ❹ 48 |

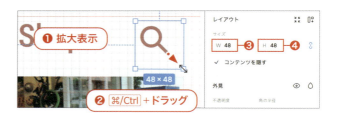

4 [レイヤー] で「material-symbols:search」フレーム内にある「Vector」を選択して❶、フレーム内のアイコンのみを選択します❷。

5 [位置合わせ]の[≑ 水平方向の中央揃え]をクリックし❶、続いて[╫ 垂直方向の中央揃え]をクリックします❷。

> 💡 **Tips**
> [≑ 水平方向の中央揃え]のショートカットは Option/Alt + H キーです。[╫ 垂直方向の中央揃え]のショートカットは Option/Alt + V キーです。

6 [レイヤー]で「material-symbols:search」フレームを選択します❶。アイコンがフレームの中央に移動しました❷。

12 画像のエクスポート

サンプル 2-03-12.fig

作成した3個のアイコンをエクスポートして、SVG形式の画像を書き出します。

1 「material-symbols:search」、[Bicycle]、[Hamburger]の3個のアイコンを選択します❶。

2 [エクスポート]の[＋]をクリックします❶。[エクスポート]の設定欄で、拡張子のメニューから[SVG]を選択します❷。[3レイヤーをエクスポート]をクリックします❸。

> 🔑 **Tech**
> 拡大して使用しても粗くならないSVGは、アイコンやシンボルマークに適しています。

> 💡 **Tips**
> [エクスポート]を実行するショートカットは Shift + ⌘/Ctrl + E キーです。[エクスポート]パネルに複数の[エクスポート]設定がある場合は、リストから選択して実行できます。

③ 保存先を指定するウィンドウが表示されたら、「デスクトップ」などの任意のフォルダを選択して❶、[保存] をクリックします❷。

④ 保存先に、3個の SVG ファイルが保存されます❶。

> **Tech**
> Figma 上の名前（レイヤー名）が、そのままファイル名になります。

✓ Check! エクスポート

Figma のオブジェクトは、[デザイン] パネルの [エクスポート] からファイルとして書き出すことができます。

❶ ファイル形式
[エクスポート] で書き出せる形式は、以下のようになります。

エクスポート可能なファイル形式

ビットマップ画像	PNG
	JPEG
ベクター画像	SVG
ドキュメント	PDF

[エクスポート] 設定とは別に、オブジェクトを選択して [Shift] + [⌘/Ctrl] + [C] キーを押すことで、[PNG としてコピー] を実行できます。Word や PowerPoint などに PNG 形式の画像としてペーストできます。

❷ エクスポート設定
[エクスポート] の [＋] をクリックすると、複数の [エクスポート] 設定を作成できます。それにより、複数の画像形式で出力できます。
オブジェクトを選択せずに [エクスポート] 設定を追加すると、キャンバス全体の書き出し設定になります。たとえば、[PDF] を指定して、キャンバス全体を PDF ファイルとして書き出すことができます。

❸ ビットマップ画像のサイズ指定
[エクスポート] の形式に [PNG] もしくは [JPEG] のビットマップ画像を指定すると、書き出す際の「サイズ」を指定できます。
「x」は、倍率を指定するための単位です。たとえば [2x] を指定することで、Apple 製品の Retina ディスプレイに対応した、2倍のサイズのピクセル数で書き出せます。
[エクスポート]のサイズ指定欄の ∨ をクリックし、メニューから「w」と「h」を単位にした数値を選択すると、ピクセル数を入力できます。

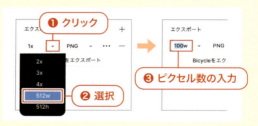

❹ サフィックス（接尾辞）の指定
[エクスポート] の [・・・] をクリックして表示される [エクスポート] パネルの「サフィックス」欄にテキストを入力すると、Figma のレイヤー名の後ろに、入力したテキストを付けたファイル名で書き出せます。

ファイル名のサフィックス表示

056

LESSON 3

スクロールする
スマートフォン画面

Figma の優れた機能であるオートレイアウト
と、コンポーネントの基本をマスターします。
Web ページを縦にスクロールする操作を設定
します。

LESSON 3 の内容

オートレイアウトを使って、ヘッダ内の各要素を整列します🅐

公開されている外部コンポーネントを使って、ステータスバーとホームインジケータを配置します🅓

オートレイアウトとコンポーネントを使って、ボタンを作ります🅐🅑

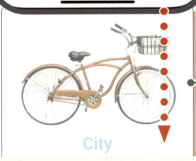

ドロップシャドウや角丸のある図形を作り、オートレイアウトとコンポーネントを使ってカード型デザインを完成します🅐🅑🅒

画面のスクロールを設定し、プレビュー再生時に操作します🅔

レッスンで学ぶこと

- 🅐 オートレイアウト
- 🅑 コンポーネント
- 🅒 フレーム加工
- 🅓 外部コンポーネント
- 🅔 プロトタイプ

オートレイアウトの基本操作

LESSON 3 / 01

複数のオブジェクトを整列し、オブジェクト同士の間隔や余白を統一できるオートレイアウトを操作します。

01 オートレイアウトで水平方向に整列

サンプル 3-01-01.fig

オブジェクトを水平・垂直方向に整列できるオートレイアウトの機能を使用して、オブジェクトを水平方向に並べます。

1 LESSON 2に引き続き、「Bicycle shop」ファイルを開いて操作します。「Home」フレームを選択します❶。[レイアウトグリッド]の「グリッド 8px」の［ 👁 ］をクリックして❷、［ 👁̸ ］に変え❸、グリッドを非表示にします❹。

> **Tips**
> ［ 👁 ］と［ 👁̸ ］の操作の他に、Shift + G キーによる［レイアウトグリッドの表示／非表示］が可能です。

2 自転車アイコンの「Bicycle」とテキストボックスの「Bicycle Shop」を選択し❶、Shift + A キーを押して、[オートレイアウトを追加]を実行します❷。

> **Tips**
> Shift + A キーは、☰メニュー →［オブジェクト］→［オートレイアウトを追加］のショートカットです。［デザイン］パネルの［レイアウト］の［ 🗗 ］をクリックしても実行できます。
>
>

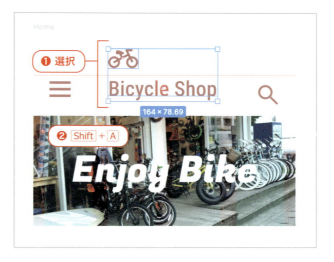

3 キャンバス上で見た目は大きく変わりませんが、「Bicycle」と「Bicycle Shop」が含まれたオートレイアウトのフレームができました❶。レイヤー名のアイコンが、オートレイアウトを示す 🗗 に変わります❷。

LESSON 3　スクロールするスマートフォン画面

4 ［オートレイアウト］を以下のように設定します。

方向	❶ → 横に並べる
配置	❷ 左揃え
]|[左右の間隔	❸ 6
|o| 水平パディング	❹ 0
立 垂直パディング	❺ 0

オブジェクトが水平に並びます❻。［オートレイアウト］の［ ］をクリックして❼、［サイズ自動調整］を実行し、フレームのサイズをオブジェクトに揃えます❽。

🗝 Tech

［方向］の設定で、並ぶ方向が変化します。

5 オートレイアウトのフレームをドラッグして下に移動し、「Hamburger」の横に並べます❶。フレームが選択された状態で ⌘/Ctrl + R キーを押してレイヤー名を選択し❷、以下の名前に変更します❸。

レイヤー名	Site Title

02 オートレイアウトで均等に配置

オートレイアウトを使って、均等間隔に整列します。

1 「Hamburger」「Site Name」「material-symbols: search」の3個のフレームを選択します❶。

2 Shift + A キーを押して、［オートレイアウトを追加］を実行します❶。オートレイアウトのフレームが作られ、3個のオブジェクトが等間隔で整列します❷。

🗝 Tech

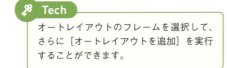

オートレイアウトのフレームを選択して、さらに［オートレイアウトを追加］を実行することができます。

3. ［オートレイアウト］の［]｢[左右の間隔]の入力欄を選択して、右端に表示される ∨ をクリックします❶。メニューが表示されたら、以下を選択します❷。

]｢[左右の間隔	自動

4. ［オートレイアウト］で、以下のように設定します。

方向	❶ → 横に並べる
配置	❷ 中央揃え
]o[水平パディング	❸ 8
ᴵ 垂直パディング	❹ 0

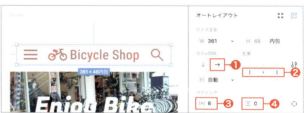

🔑 Tech

［]o[水平パディング］に数値を設定すると、フレームの左右に余白が作られます。

5. オートレイアウトのフレームの左辺をドラッグし、「Home」フレームの左端に吸着させます❶。同じように右辺をドラッグして、「Home」フレームの右端に吸着させます❷。オートレイアウトと「Home」フレームの幅が同じになり❸、ハンバーガーアイコンと虫眼鏡アイコンが左右に広がります。

🔑 Tech

［]｢[左右の間隔］が［自動］に設定されているため、フレームを拡大しても均等間隔が維持されます。

6　フレームが選択された状態で、[位置] と [サイズ変更] を以下のように設定します。

X	❶ 0	Y	❷ 59
W	❸ 393		

フレームの上辺が、赤いガイドラインの位置に揃います❹。

🔑 Tech

キャンバスに表示される「青いラベル」や [デザイン] パネルの [オートレイアウト] に表示される [内包] とは、フレームが「コンテンツを内包」していて、フレームの内容によって自動で大きさが変わることを意味しています（110 ページ「Check!」を参照）。

7　フレームが選択された状態で ⌘/Ctrl + R キーを押してレイヤー名を選択し❶、以下の名前に変更します❷。

レイヤー名	Header

03　フレームの下辺のみに線を設定

フレームの下辺のみに線を表示して、ヘッダ部分との仕切り線にします。

1　フレームが選択された状態で、[塗り] の [＋] をクリックして❶、[塗りの色] を以下のように設定します❷。

塗りの色	FFFFFF

見た目の変化はありませんが、フレームの背景が白色になりました。

2　フレームが選択された状態で、[線] の [＋] をクリックします❶。線の色と太さを以下のように設定します。

線の色	❷ CF6161
太さ	❸ 1

③ フレームが選択された状態で、[線]の[□]をクリックします❶。メニューが表示されたら、以下を選択します❷。

□ 各端の線	□ 下

④ フレームの選択を解除して、Shift + R キーを押します❶。[定規]が非表示になり❷、赤いガイドラインも非表示になります❸。フレームの下辺の線のみが表示されます❹。

04 オートレイアウトによる余白の統一

オートレイアウトの機能を使って、統一した余白のあるボタンを作ります。

① [T テキストツール]を選択します❶。複数行のテキストの下をクリックして❷、以下のテキストを入力します❸。

入力文字	BUTTON

> **Notes**
> 入力したテキストのフォントやサイズは、使用時の状況によって異なります。右図とは異なるフォントやフォントサイズになる場合があります。

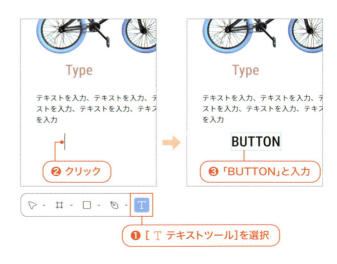

2 テキストボックスを選択して❶、[タイポグラフィー] を以下のように設定します。

フォント	❷ Roboto
ウェイト	❸ Bold
フォントサイズ	❹ 20
配置	❺ ≡ テキスト中央揃え

🔑 **Tech**

[フォント] をクリックして、[フォント] パネルを表示したとき、フォントの選択範囲を [このファイル内] にします。フォント名のリストが、ファイル内で使用しているフォントに限定されて、すばやく選択できます。

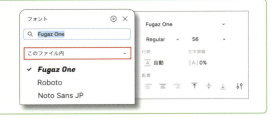

3 テキストボックスが選択された状態で Shift + A キーを押し、[オートレイアウトを追加] を実行します❶。

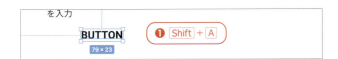

4 フレームが選択された状態で、[オートレイアウト] を以下のように設定します。

方向	❶ → 横に並べる
配置	❷ 中央揃え
|o| 水平パディング	❸ 30
⊤ 垂直パディング	❹ 8

🔑 **Tech**

オートレイアウトを設定したフレーム内には1個の「BUTTON」しかないため、[ ][左右の間隔] の数値は機能しません。

5 フレームが選択された状態で、[オートレイアウト] の [W] の ∨ をクリックします❶。表示されるメニューから [→|← 最小幅を追加] を選択します❷。

6 表示される [最小幅] に、以下の値を入力します❶。

最小幅	184

🔑 **Tech**

[最小幅] を設定することで、テキストの文字数が少ないときも [最小幅] より小さくならないフレームが作れます。

✓ Check! オートレイアウトの余白

オートレイアウトは、複数のオブジェクトを整列するだけでなく、フレーム内の余白を設定する目的でも使います。[回 水平パディング] と [豆 垂直パディング] を設定することで、規則正しいデザインが可能になります。

テキストが異なる複数のボタンを作るような場合に、同じ余白で統一できます。

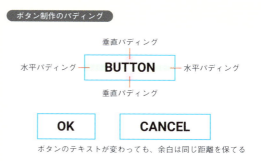

05 角丸フレームの作成

フレームのコーナーを丸型にして、角丸のボタンを作成します。

1 「Button」のフレームを選択し、[塗り]の[＋]をクリックします❶。[塗りの色]を以下のように設定します❷。

塗りの色	CF6161

2 フレームが選択された状態で Return/Enter キーを押し❶、テキストボックスを選択します❷。[塗り]を以下のように設定します❸。

塗りの色	FFFFFF

💡 **Tips**
Return/Enter キーは、子要素を選択するショートカットです。

3 テキストボックスが選択された状態で、Shift + Return/Enter キーを押し❶、親要素のフレームを選択します❷。

💡 **Tips**
Shift + Return/Enter キーは、上位階層の親要素を選択するショートカットです。

4 フレームが選択された状態で、[外見]を以下のように設定します❶。

| ⌐ 角の半径 | 20 |

フレームの左右が丸くなります❷。

5 フレームが選択された状態で⌘/Ctrl + Rキーを押してレイヤー名を選択し❶、以下の名前に変更します❷。

| レイヤー名 | Button |

✓ Check! 角丸コーナー

四角形に[外見]の[⌐ 角の半径]を設定すると、その数値の半径で作られた丸いコーナーができます。両端が丸いカプセル型を作りたいときは、[角の半径]を長方形の50％の大きさに設定します。

コーナーに置かれた円と円が重なり合って1つの円になる想定となり、両端が丸い、カプセル型の図形になります。

---

06 オートレイアウトによるカード型デザインの作成

オートレイアウトで複数のオブジェクトを整列し、カード型デザインを作成します。

1 自転車の画像からボタンまでの4個のオブジェクトを選択し❶、Shift + Aキーを押して、[オートレイアウトを追加]を実行します❷。オートレイアウトのフレームが作られ、オブジェクトが均等に並びます❸。

> 📓 **Notes**
> オートレイアウト実行前の、オブジェクトの水平方向の位置によっては、左揃えに並ぶなど、右図のように、水平方向の中央で並ばない場合があります。

② オートレイアウトのフレームが選択された状態で、[位置]の[甲]をクリックします❶。[制約]の設定が表示されたら、以下のように設定します。

↔ 水平方向の制約	❷ 中央
⊥ 垂直方向の制約	❸ 上

設定後、フレームには、[⊥ 垂直方向の制約]❹と[↔ 水平方向の制約]❺を示す点線が表示されます。

> 📖 **Notes**
> 後のステップで[◫ 水平パディング]を設定する際に、フレームが右方向へ拡大するのを回避するため、ここでは[↔ 水平方向の制約]を[中央]に設定しています。

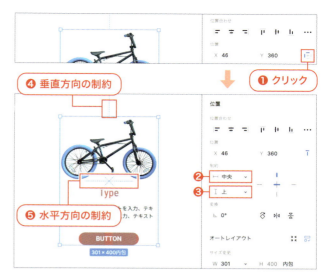

③ オートレイアウトの中の「Button」を除いて、「bike_sports」の画像と2個のテキストボックスを選択します❶。[レイアウト]の[W]の ∨ をクリックし❷、以下に変更します❸。

W	↔ 幅を固定

> 📖 **Notes**
> 手順①でオートレイアウト化すると、オートレイアウト内の3つのオブジェクトはどれも[↔ コンテナに合わせて拡大]になり、オートレイアウトのフレームを拡大縮小すると、3つのオブジェクトも一緒に拡大縮小されます。同時に拡大縮小しないために、3つのオブジェクトに[↔ 幅を固定]を設定します（110ページの「Check!」を参照）。

✅ Check! 制約

［制約］は、親フレームや子要素の大きさを変更したときに、子要素をどの位置にするかの設定です。［制約］で子要素に対して位置を指定すると、親フレームの中で子要素が「ピン留め」された動きになります。

たとえば［ ↔ 水平方向の制約］を［中央］に設定した子要素は、親フレームや子要素の幅を変更したとき、親フレームの幅の中央にピン留めされ、中央の位置にとどまり続けます。

制約の動き

親フレームを拡大縮小すると…
親フレームを水平に拡大縮小すると子要素はフレームの中央を維持する
親フレームを垂直に拡大縮小すると子要素はフレームの上を維持する

子要素を拡大縮小すると…
子要素を水平に拡大縮小すると子要素はフレームの中央を維持する
子要素を垂直に拡大縮小すると子要素はフレームの上を維持する

4. もう一度、オートレイアウトのフレームを選択して❶、[オートレイアウト] を以下のように設定します。

W	❷ × コンテンツを内包
H	❸ × コンテンツを内包
配置	❹ 上揃え（中央）
上下の間隔	❺ 16
水平パディング	❻ 30
垂直パディング	❼ 26

その結果、4個のオブジェクトはフレームの幅の中央で揃い、フレームに [水平パディング] と [垂直パディング] の余白ができます❽。

5. フレームが選択された状態で、[塗り] の [＋] をクリックします❶。フレームの [塗りの色] を以下のように設定し、白色にします❷。

塗りの色	FFFFFF

6. フレームが選択された状態で、[線] の [＋] をクリックし❶、以下のように設定します。

線の色	❷ 000000
太さ	❸ 1

フレームに、黒い境界線が付きます❹。

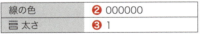

7. フレームが選択された状態で、[位置] を以下のように設定します。

X	❶ 16	Y	❷ 336

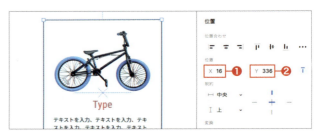

8　フレームが選択された状態で、[外見]の[角の半径]を以下のように設定します❶。

角の半径	10

これで、フレームの4つのコーナーが丸くなります❷。

07　フレームのドロップシャドウ

フレームに、ドロップシャドウの効果を設定します。

1　フレームが選択された状態で、[エフェクト]の[＋]をクリックします❶。

2　[エフェクト]の[□]をクリックします❶。[ドロップシャドウ]の設定パネルで、以下のように設定します。

X	❷ 10	Y	❸ 10
B	❹ 4	色	❺ 000000

これで、フレームに影が付きます❻。

🔑 Tech

[X]は影の水平方向の位置、[Y]は垂直方向の位置の指定です。[B]は、Blur（ぼかし）の略で、ぼかしの距離を設定します。

3　フレームが選択された状態で⌘/Ctrl＋Rキーを押してレイヤー名を選択し❶、以下の名前に変更します❷。

レイヤー名	Category

LESSON 3
02 コンポーネントの基本操作

繰り返し作成するデザインアイテムをコンポーネントに変換し、インスタンスを作成する方法を学びます。

01 セクションの作成

サンプル 3-02-01.fig

デザイン作業用のオブジェクトを置くためのエリアである「セクション」を作成します。

1 最初に、[凹 セクションツール]を選択します❶。「Home」フレームの左の余白をドラッグして、セクションを作ります❷。[レイアウト]で、以下の大きさに設定します。

| W | ❸ 450 | H | ❹ 900 |

📖 **Notes**
[X]と[Y]は自由な位置でかまいません。

💡 **Tips**
[凹 セクションツール]を選択するショートカットは Shift + S キーです。

❶[凹 セクションツール]を選択

2 セクションが選択された状態で、[塗り]を以下のように設定します❶。

| 塗りの色 | F6F6DD |

これで、背景色が黄色になります❷。

📖 **Notes**
セクションがフレームとは異なる種類であることを明確にするため、ここでは背景色を黄色に設定します。

❷背景が黄色になる

✅ **Check!** セクション

セクションは、作業用のオブジェクトを置くためのエリアとして使用するものです。繰り返し使用するアイコンや画像、テキストのフォーマット、色見本、コンポーネントなどを配置するのに適しています。セクション上に配置されたオブジェクトは、プレビュー再生（90ページを参照）できません。コーディングやプログラム開発時に必要なオブジェクトをセクション上にまとめることで、開発メンバーに引き継ぐためのエリアとしても利用できます。

02 ヘッダのコンポーネント化

ヘッダのフレームを、コンポーネントに変換します。

1 「Header」フレームを選択し❶、[デザイン]パネルの[❖]をクリックします❷。「Header」がコンポーネントに変換され、境界線が紫色になります❸。「Header」レイヤーのアイコンが、コンポーネントを示す ❖ に変わります❹。

> **Tips**
> [コンポーネントの作成]のショートカットは Option/Alt + ⌘/Ctrl + K キーです。メニュー操作は ≡ → [オブジェクト] → [コンポーネントの作成] です。

2 「Header」コンポーネントが選択された状態で、⌘/Ctrl + D キーを押して[複製]を実行します❶。コンポーネントからその分身であるインスタンスが作られ、上にピッタリ重なった状態になります❷。[レイヤー]では、「❖ Header」コンポーネントの上に、インスタンスを示す ◇ の付いた「◇ Header」インスタンスが表示されます❸。

✓ Check! コンポーネントとインスタンス

Webやアプリでは、繰り返し利用するオブジェクトが数多く作られます。たとえば、「ヘッダ」はほぼすべてのページで使われますし、「ボタン」も同じデザインで色々な場所で使われます。

このように繰り返し使うオブジェクトは「コンポーネント」としてマスター化し、そこから「インスタンス」を作成することで、統一したデザインにできます。

コンポーネントとインスタンスは親子の関係であり、実際のデザインで使われるのは、子であるインスタンスになります。

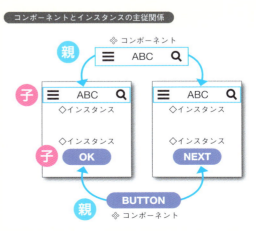

コンポーネントとインスタンスの主従関係

3 ［レイヤー］の「❖ Header」コンポーネントを選択します❶。見た目は変わりませんが、キャンバス上でコンポーネントが選択されます❷。

4 「Header」コンポーネントを「Section 1」セクションへドラッグして移動します❶。

🔑 **Tech**
セクション上では、オブジェクトの上に名前（作例では「❖ Header」）が表示されます。

5 ［レイヤー］の「❖ Header」コンポーネントが、「Section 1」セクション内に移動します❶。「Home」フレームには、「◇ Header」インスタンスが残ります❷。

03 カード型デザインのコンポーネント化

カード型デザインをコンポーネントに変換します。

1 ⌘/Ctrl キーを押しながら自転車の画像をクリックして、選択します❶。⌘/Ctrl + R キーを押してレイヤー名を選択し❷、以下の名前に変更します❸。

レイヤー名	Category Photo

🔑 **Tech**
オートレイアウトのフレームのどの部分をクリックしても、オートレイアウトのフレームが選択されるだけですが、⌘/Ctrl キーを押しながらクリックすると、オートレイアウトのフレーム内のオブジェクトを直接選択できます。

072

2　「Category Photo」が選択された状態で、自転車の画像をダブルクリックします❶。[カスタム]パネルが表示されたら、[▣]をクリックします❷。画像が削除されて、グレー色の長方形になります❸。

> 🔑 **Tech**
> キャンバス上に配置した画像は、画像のみで単独で存在するのではなく、長方形などのオブジェクトの「塗り」の一形態として存在しています。「塗り」であるため、[カスタム]パネルを使って、画像から単色（1色の塗り色）に切り替えることができます。

3　⌘/Ctrl キーを押しながら「Type」テキストボックスをクリックして、選択します❶。テキストボックスが選択された状態で ⌘/Ctrl + R キーを押してレイヤー名を選択し❷、以下の名前に変更します❸。

レイヤー名	Category Name

> 📖 **Notes**
> 「Type」テキストボックスは、カード型デザインをオートレイアウト化した際に、自動で横長のテキストボックスに変換されています。

4　⌘/Ctrl キーを押しながら、複数行のテキストボックスを選択します❶。⌘/Ctrl + R キーを押してレイヤー名を選択し❷、以下の名前に変更します❸。

レイヤー名	Category Info

> 🔑 **Tech**
> テキストボックスのレイヤー名は、作例の「テキストを入力、テキスト…」のように、入力した文字列になります。レイヤー名を変更すると、それ以降はその名称に固定され、テキストボックスの文字列を変更してもレイヤー名は変更されません。

073

5　カード型デザインの「Category」フレームを選択し❶、[デザイン]パネルの[❖]をクリックします❷。

6　オートレイアウトのフレームがコンポーネントに変換され、境界線が紫色になります❶。「Category」レイヤーのアイコンが、コンポーネントを示す❖に変わります❷。

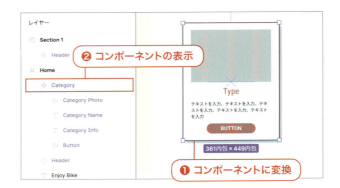

7　「❖ Category」コンポーネントが選択された状態で、⌘/Ctrl+Dキーを押して[複製]を実行します❶。コンポーネントからインスタンスが作られ、上に重なった状態になります❷。[レイヤー]では、「❖ Category」コンポーネントの真上に「◇ Category」インスタンスが表示されます❸。

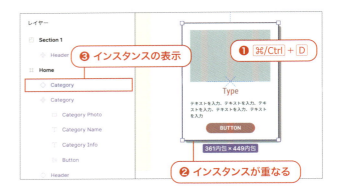

8　[レイヤー]の「❖ Category」コンポーネントを選択して❶、キャンバス上の「❖ Category」コンポーネントを選択します❷。「Section 1」セクションへドラッグします❸。

074

9 ［レイヤー］の「❖ Category」コンポーネントが、「Section 1」セクション内に移動します❶。「Home」フレームには、「◇ Category」インスタンスが残ります❷。

04 複数のインスタンスを配置

コンポーネントからインスタンスを作成し、複製して複数のインスタンスを並べます。

1 「Home」フレームを選択します❶。［レイアウト］の［H］を以下に変更します❷。

| H | 2300 |

「Home」フレームが長くなります❸。

Notes
「Home」フレームのサイズを大きくしたとき、「Category」インスタンスの位置が移動して右図と異なる場合は、［デザイン］パネルの［制約］の設定を確認してください（67ページの「Check!」を参照）。

2 「Home」フレームの「Category」インスタンスを選択します❶。Shift + Option/Alt キーを押しながら下方向へドラッグして❷、インスタンスを複製します❸。

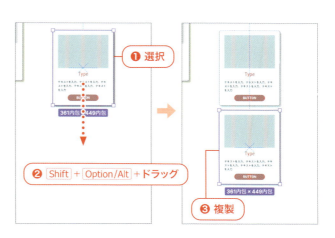

075

3 複製された2個目の「Category」インスタンスが選択された状態で ⌘/Ctrl + D キーを押して［複製］を実行し❶、同じ間隔で下方向に3個目のインスタンスを作ります❷。再度、⌘/Ctrl + D キーを押して［複製］を実行し❸、4個目の「Category」インスタンスを作ります❹。

> 📖 **Notes**
> インスタンスが「Home」フレームの外側へ飛び出してもかまいません。この後の「オートレイアウト」の操作で、位置を調整します。

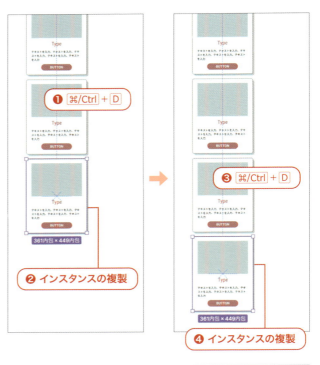

4 4個の「Category」インスタンスを選択します❶。Shift + A キーを押して［オートレイアウトを追加］を実行し、オートレイアウトのフレームを作成します❷。

5 フレームが選択された状態で［オートレイアウト］を以下のように設定して、4個のインスタンスの間隔を設定します。

方向	❶ ↓ 縦に並べる
配置	❷ 上揃え（左）
⛌ 上下の間隔	❸ 24
⊟ 水平パディング	❹ 0
⊟ 垂直パディング	❺ 0

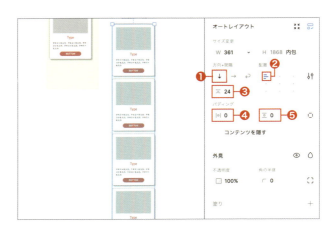

6 オートレイアウトのフレームが選択された状態で ⌘/Ctrl + R キーを押してレイヤー名を選択し❶、以下の名前に変更します❷。

レイヤー名	Categories

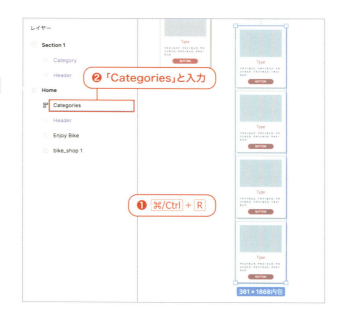

✅ Check! インスタンスの作成方法

コンポーネントからインスタンスを作成する方法は、3つあります。

❶ コピー＆ペースト／複製
コンポーネントをコピー＆ペーストや［複製］すると、インスタンスが作られます。作例では、この方法を使いました。

❷ ［アセット］パネル
左パネルの［アセット］パネルを選択すると、作成したコンポーネントが［ローカルアセット］に表示されます。コンポーネントのサムネールをキャンバス上にドラッグ＆ドロップすると、インスタンスが作られます。

サムネールをクリックした場合は［詳細］パネルが表示されます。［詳細］パネルの［インスタンスを挿入］をクリックすると、キャンバスの中央にインスタンスが配置されます。

❸ アクションツール
ツールバーから［🔡 アクションツール］を選択して、表示されるパネルで［アセット］を選択します。コンポーネントが表示されたら、サムネールをキャンバス上にドラッグ＆ドロップすると、インスタンスが作られます。［挿入］をクリックした場合は、キャンバスの中央にインスタンスが配置されます。

［アセット］パネルによるインスタンスの作成

［アクションツール］よるインスタンスの作成

05 インスタンスへの画像の配置

複数配置した各インスタンスに対して、画像を配置します。

1. Shift + ⌘/Ctrl + K キーを押して、[画像を配置] を実行します❶。ファイル選択のウィンドウが表示されたら、本書用のデータ「Lesson3」>「3-02」>「img」から以下の画像ファイルを同時に選択します❷。

ファイル名 1	bike_child.jpg
ファイル名 2	bike_city.jpg
ファイル名 3	bike_kids.jpg
ファイル名 4	bike_sports.jpg

[開く] をクリックします❸。

2. キャンバスに戻ると、ポインタの形状が④の付いた画像のサムネイルに変化します❶。「Category」インスタンスの4個の長方形を上から順にクリックして❷〜❺、4個の画像を配置します❻。

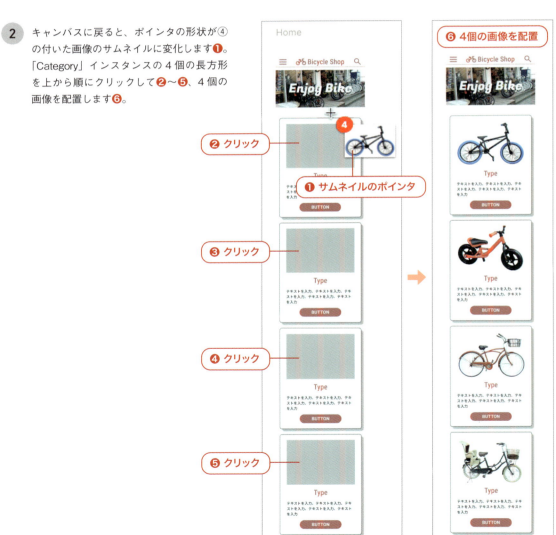

③ ⌘/Ctrl キーを押しながら 2 番目の「bike_kids.jpg」の画像をダブルクリックして❶、[カスタム]パネルを表示します❷。

> 🔑 **Tech**
>
> これまでにも操作してきたように、⌘/Ctrl キーを押すことで、フレームの中の画像ボックスを直接選択できます。⌘/Ctrl キーを押しながらダブルクリックすることで、画像調整パネルをすばやく表示できます。

❶ ⌘/Ctrl +ダブルクリック
❷ [カスタム]パネルの表示

④ [カスタム]パネルの調整方法を、[トリミング]に変更します❶。インスタンスの画像の右下コーナーにポインタを移動すると、ポインタの形状が ↘ に変わります。Shift + Option/Alt キーを押しながら中心に向けてドラッグし、画像を縮小します❷。

> 🔑 **Tech**
>
> 太い点線の内側にポインタを移動すると、ポインタの形状が ✥ に変わり、画像の位置をドラッグして移動できます。

移動のポインタ

❶ 選択
❷ Shift + Option/Alt +ドラッグ

> ✅ **Check!** インスタンスの編集
>
> コンポーネントから作られたインスタンスは、通常のオブジェクトと同じように自由に編集できます。親であるコンポーネントを編集すると、その子であるインスタンスにも変更が反映されますが、インスタンスを修正しても、コンポーネントや他のインスタンスに影響することはありません。
>
> インスタンスの編集をいったんリセットして、元のコンポーネントの状態に戻したいときは、インスタンスを選択して 𝐁 メニュー → [オブジェクト] → [すべての変更をリセット]を選択します。インスタンスを、編集前のコンポーネントと同じ状態に戻せます。

LESSON 3 スクロールするスマートフォン画面

5. ⌘/Ctrl キーを押しながら、上から2番目の「Category」インスタンスをクリックして、オートレイアウトの中から直接選択します❶。インスタンスを下方向へドラッグすると❷、インスタンスの順序が入れ替わります❸。

> 🔑 **Tech**
>
> オートレイアウトで整列させたオブジェクトをドラッグすると、順序を入れ替えられます。同じことは、[レイヤー]のレイヤー名を上下にドラッグすることでも可能です。

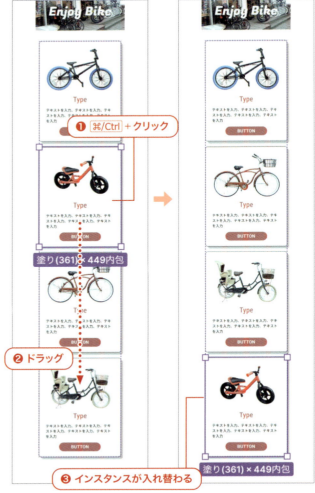

❶ ⌘/Ctrl + クリック
❷ ドラッグ
❸ インスタンスが入れ替わる

06 インスタンスのテキスト変更

各インスタンスに、それぞれのテキストをコピー＆ペーストします。

1. 本書用のデータ「Lesson3」>「3-02」>「txt」から、以下のファイルをテキストエディタで開きます❶。

   | ファイル名 | copy2.txt |

   テキストエディタで、テキストの1行目の「Sports」を選択し❷、⌘/Ctrl + C を押して［コピー］します❸。

❶「copy2.txt」を開く
❷ 選択
❸ ⌘/Ctrl + C

② Figma に戻り、1個目の「Category」インスタンス内の「Type」を ⌘/Ctrl キーを押しながらダブルクリックして選択し❶、⌘/Ctrl + V を押して[ペースト]します❷。

③ テキストエディタに戻り、2段落目の「ロードバイク」から始まるテキストを選択し❶、⌘/Ctrl + C を押して[コピー]します❷。Figma に戻り、⌘/Ctrl キーを押しながら「テキストを入力…」をダブルクリックして選択し❸、⌘/Ctrl + V を押して[ペースト]します❹。

④ 同じ方法を繰り返してテキストエディタで各テキストを選択して[コピー]し❶、Figma の「Category」インスタンスの各テキストに[ペースト]します❷。

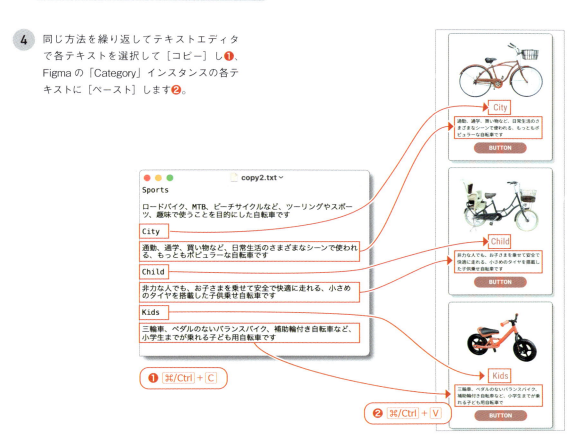

LESSON 3 スクロールするスマートフォン画面

07 コンポーネントの更新

コンポーネント内のデザインを変更して、インスタンスのデザインを更新します。

1 ⌘/Ctrl キーを押しながら、いずれか 1 つの「Category」インスタンスをクリックして選択します❶。インスタンスが選択された状態で右クリックして❷、[メインコンポーネント] → [メインコンポーネントに移動] を選択します❸。

> 💡 **Tips**
> [メインコンポーネントに移動] のショートカットは Shift + ⌘/Ctrl + K キーです。

2 「Section 1」セクションの「Category」コンポーネントが表示され、選択されます。⌘/Ctrl キーを押しながら、「Type」のテキストボックスをクリックして選択します❶。[タイポグラフィー] の [ウェイト] を以下のように設定します❷。

ウェイト	Bold

> 🔑 **Tech**
> [メインコンポーネントに移動] を実行することで、インスタンスからコンポーネントへすばやく移動できます。たくさんのコンポーネントがある場合やコンポーネントが他のファイルや他のページにある場合に使うと便利です（Figma の「ページ」については 186 ページを参照）。

3 「Type」のテキストボックスが選択された状態で、[塗り] を以下のように設定して❶、テキストを青色にします。

塗りの色	00BFFF

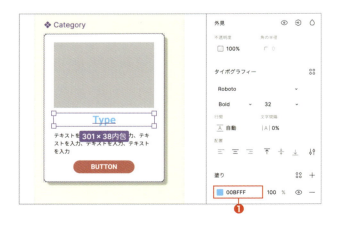

082

4. 「Button」フレームを選択します❶。[塗り] を以下のように設定し❷、青色にします。

塗りの色	00BFFF

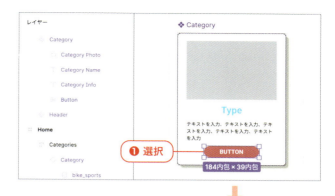

5. 「Category」コンポーネントをクリックして選択し❶、[エフェクト]の[□]をクリックします❷。

6. [ドロップシャドウ]の設定パネルが表示されたら、以下のように設定します。

ぼかし範囲	❶ 0
色	❷ CF6161
不透明度	❸ 100%

ぼかしのない、赤色のドロップシャドウになります❹。

Tech
ドロップシャドウの[ぼかし範囲]を「0」にすると、ぼかしのない影になります。

7 「Home」フレームを表示します。コンポーネントの変更にあわせて、「Home」フレームの 4 個の「Category」インスタンスが更新されました❶。

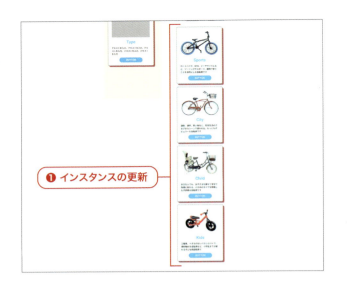

❶ インスタンスの更新

✅ Check! コンポーネントの更新

コンポーネントのデザインを変更すると、コンポーネントから作られたすべてのインスタンスのデザインが更新されます。その際に更新されるのはデザインやレイアウトのみで、インスタンス上で変更した画像やテキストの内容には影響はありません。

コンポーネントを変更してもインスタンスが更新されないことが稀にあります。そうした際には、そのインスタンスを選択し、🅷 メニュー →［オブジェクト］→［すべての変更をリセット］を選択すると、更新できます。

コンポーネントの更新

親　┌─ コンポーネント ─┐　　　　　　　子　┌─ インスタンス ─┐
　　│ BUTTON │ ➡ │ ボタン │　　　　│ OK │ ➡ │ OK │

コンポーネントの色や形状、フォントを変更する　　　インスタンスの色や形状、フォントは変更される
テキストも、「BUTTON」から「ボタン」へ変更する　　テキストは変更されずに「OK」のままになる

---

08 複数のレイヤー名の一括変更

複数のレイヤーを選択して、レイヤー名に連番の数字を付けます。

1 「Home」フレームの 4 個の「Category」インスタンスを選択し❶、⌘/Ctrl + R キーを押します❷。

> 💡 **Tips**
> 複数のレイヤーを選択して ⌘/Ctrl + R キーを押すと、複数のレイヤー名を一括で変更できます。

❷ ⌘/Ctrl + R

❶ 4個のインスタンスを選択

2 ［4レイヤーの名前を変更］ダイアログが表示されたら、［現在の名前］をクリックします❶。キーボードを欧文モードにして Space キーを押し、半角スペースを入力します❷。最後に［番号］をクリックします❸。

3 入力欄に、以下のように表示されます❶。

入力記号	$& $nn

［プレビュー］の変更後のレイヤー名を確認して❷、［名前を変更］をクリックします❸。

> 🔑 **Tech**
> 「$&」が既存のレイヤー名、「$nn」が番号を意味します。「$nn」を「$n」に修正すると、番号が1ケタになります。

4 4個のレイヤー名が変更されます❶。

✅ Check! レイヤー名

❶ 英語か日本語か？
レイヤー名は、日本語と英語のどちらでも大丈夫です。ただし、コーディングではオブジェクト名やファイル名を英語で命名するため、Figmaでも英語を使うことが多くなります。

❷ スラッシュによる階層表記
レイヤーのコンポーネント名にスラッシュ（/）を使用すると、階層表記が可能です。スラッシュ前の名称が［アセット］パネルのフォルダ名として表示され、コンポーネントを管理しやすくなります。

コンポーネント名の階層表記

「Buttons/XXX」と命名すると… ［アセット］パネルではフォルダ表記になる

LESSON 3 スクロールするスマートフォン画面

LESSON 3

03 iOSコンポーネントの利用

iOS用に作られたコンポーネント集である「iOS 18 and iPadOS 18」を利用して、ステータスバーとホームインジケータを配置します。

01 ステータスバーの配置

サンプル 3-03-01.fig

UIキット［iOS 18 and iPadOS 18］を開き、iPhone用の「Status Bar」を配置します。

1 ［アセット］パネルを選択し❶、［UIキット］の［iOS 18 and iPadOS 18］を選択します❷。［iOS 18 and iPadOS 18］のリストが表示されたら、検索欄に「status」と入力します❸。

> **Tips**
> ［アセット］パネルを表示するショートカットは Option/Alt + 2 キーです。

2 「iOS 18 and iPadOS 18」に含まれる、「Status Bar」名のコンポーネントが表示されます。「Status Bar - iPhone」を、「Home」フレームの上端にドラッグ&ドロップします❶。

> **Notes**
> 「Status Bar - iPhone」はコンポーネントのため、キャンバス上に配置されるのはインスタンスです。

3 Apple社のUIキットをはじめて利用する場合、権利関係への許諾を求める画面が表示されます。［同意する］をクリックします❶。

> **Notes**
> UIキット［iOS 18 and iPadOS 18］は、無料で使用できます。

4. 「Status Bar - iPhone」が選択された状態で、[位置]を以下のように設定します。

| X | ❶ 0 | Y | ❷ 0 |

「Status Bar - iPhone」が、「Home」フレームの最上部に移動します❸。右辺は「Home」フレームからはみ出ます❹。

5. 「Status Bar - iPhone」の右辺にポインタを置き、ポインタの形状が ↔ に変化したら、左方向へドラッグし❶、右辺を「Home」フレームと揃えます❷。

02 ホームインジケータの配置

UIキット[iOS 18 and iPadOS 18]から、iPhone用の「Home Indicator」を配置します。

1. [アセット]パネルの検索欄に、「home」と入力します❶。「iOS 18 and iPadOS 18」に含まれる「Home Indicator」が表示されたら、「Home」フレームの下端へドラッグ＆ドロップします❷。

2. 「Home Indicator」が選択された状態で、[位置]を以下のように設定します。

| X | ❶ 0 | Y | ❷ 2266 |

「Home Indicator」が、「Home」フレーム内の底辺へ移動します❸。

> 🔑 **Tech**
>
> ホームインジケータ（ホーム画面へ切り替えるための細長いバー）は、フレームの底辺に配置します。フレームの高さがiPhoneの画面サイズ（作例では高さ852px）を超える場合も、同じく底辺に配置します。

3 「Home Indicator」の右辺にポインタを置き、ポインタが ↔ に変化したら、左方向へドラッグし❶、右辺を「Home」フレームと揃えます❷。

> 📖 **Notes**
> 「Home Indicator」が「393 × 34」の大きさになり、iPhone 16 の規定のサイズと一致します（29ページの「Check!」を参照）。

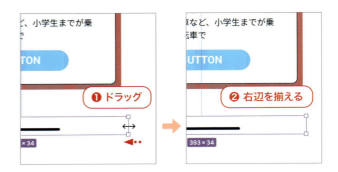

4 「Home Indicator」インスタンスが選択された状態で、[塗り]の[＋]をクリックして❶、以下のように設定します❷。

塗りの色	FFFFFF

見た目の変化はありませんが、フレームの背景が白色になります。

5 [ファイル]パネルを選択します❶。iPhone 用の「Home」フレームが完成しました❷。

> 💡 **Tips**
> [ファイル]パネルを表示するショートカットは Option/Alt + 1 キーです。

✅ Check!　Apple と Google の UI キット

Apple iOS と Google Material Design の UI コンポーネントは、Figma にデフォルトで組み込まれているため、[アセット]や[コンポーネント]パネルから利用できます。
UI キット全体を知りたいときは、「Figma コミュニティ」にアクセスします（https://www.figma.com/community、デスクトップアプリの Figma はウィンドウ左上の 🌐 をクリック）。
「Figma コミュニティ」のナビゲーションの[デザインリソース]をクリックし❶、[UI キット]を

クリックすると❷、UI コンポーネントが含まれた Figma ファイルの「iOS 18 and iPadOS 18」や「Material 3 Design Kit」が表示され、開くことができます。

088

LESSON 3 04 プロトタイプの基本操作

作成したスマートフォン用の画面をプレビュー再生し、画面のスクロールをテストします。

01 スクロールのプロトタイプ設定　　サンプル 3-04-01.fig

最初に、ステータスバーとホームインジケータがスクロールしないように固定します。

1. 「Home」フレームの「Status Bar」をクリックして選択し❶、Shift キーを押しながら「Home Indicator」をクリックして、同時に選択します❷。[プロトタイプ]パネルを選択して❸、[スクロールの動作]の[位置]を以下のように設定します❹。

| 位置 | 固定（同じ場所にとどまる） |

> **Tips**
> [プロトタイプ]パネルを表示するショートカットは Option/Alt + 9 キーです。

2. [レイヤー]に、[固定]と[スクロール]が表示されます。「StatusBar」と「Home Indicator」は[固定]のグループになり❶、他は[スクロール]のグループになります❷。

> **Tech**
> プレビュー再生時に、[固定]はスクロールされないレイヤー、[スクロール]はスクロールされるレイヤーになります。

3. 「Home Indicator」インスタンスのみを選択します❶。[デザイン]パネルを選択して❷、[制約]を以下のように設定します。

| ⊢ 水平方向の制約 | ❸ 中央 |
| I 垂直方向の制約 | ❹ 下 |

> **Tech**
> 次の手順のプレビュー再生でスクロールする際に、「Home Indicator」を画面の下端に固定するため、[I 垂直方向の制約]を[下]に設定します。

スクロールするスマートフォン画面

089

02 スクロールのプレビュー再生

サンプル 3-04-02.fig

完成した「Biscle Shop」の「Home」フレームをプレビュー再生します。

1. キャンバス上の余白をクリックして、すべての選択を解除します❶。[プロトタイプ]パネルを選択し❷、[デバイス]を以下のように設定します❸。

デバイス	iPhone 16

右パネルの [▷] をクリックします❹。

> **Tech**
> 右パネルに ▷ ではなく 🖻 が表示されている場合は、右横の ∨ をプレスしてメニューから [▷ 新しいタブに表示] を選択します。

> **Tips**
> [▷ 新しいタブに表示] のショートカットは Option/Alt + ⌘/Ctrl + Return/Enter キーです。

2. 新しくプレビュー再生用のタブが表示され、「Home」フレームがプレビュー再生されます❶。上下にドラッグすると、画面がスクロールされます❷。その際に、上端のステータスバーと下端のホームインジケータはスクロールせずに固定されます❸❹。テストを終えたら、タブを閉じます。

> **Notes**
> 細長いサイズの「Home」フレームの一番下に配置した「Home Indicator」は、プレビュー再生時には、スマートフォンの画面の一番下に表示されます。

LESSON 4

ページ遷移する
カード型ページ

ページ遷移する Web ページを作成します。
オートレイアウトの「折り返し」、バリアント、
インタラクションなど、Figma の応用操作を
マスターします。

LESSON 4 の内容

プラグインで画像を配置し、画像の色調を変更します ⓑ ⓒ

スタイルとバリアブルを作成し、小さなカード型デザインを作ります。オートレイアウトの機能を使って、格子状に並べます ⓐ ⓔ

タップすると、他ページへ移動します ⓕ

タップすると、オーバーレイで詳細情報が表示される設定にします ⓕ

タップすると、オーバーレイが閉じる設定にします ⓕ

マウスオーバーすると、ボタンの色が変わる設定にします ⓓ ⓕ

レッスンで学ぶこと

- ⓐ スタイルとバリアブル
- ⓑ 画像の操作
- ⓒ プラグイン
- ⓓ バリアント
- ⓔ オートレイアウト
- ⓕ インタラクション

LESSON 4 01 スタイルの作成

これまでに作成したデザイン設定をスタイルに登録し、他のオブジェクトに利用できるようにします。

01 テキストスタイルの作成　　サンプル 4-01-01.fig

テキストの書式設定を、テキストスタイルとして登録します。

1. LESSON 3 に引き続き、「Bicycle shop」ファイルを開き操作します。⌘/Ctrl キーを押しながら、「Section 1」セクションの「Category」コンポーネントの「Type」テキストボックスをクリックして選択します❶。[デザイン] パネルを選択し❷、[タイポグラフィー] の [⁝⁝] をクリックします❸。

> **Tips**
> [デザイン] パネルを表示するショートカットは Option/Alt + 8 キーです。[デザイン] パネルから [プロトタイプ] パネルへ、あるいはその逆に切り替えるショートカットは Shift + E キーです。

2. [テキストスタイル] パネルが表示されたら、[+] をクリックします❶。[新しいテキストのスタイルを作成] パネルが表示されたら、[名前] に以下の文字を入力します❷。

名前	heading

[スタイルの作成] をクリックします❸。

> **Tech**
> [フォント] [ウェイト] [文字サイズ] [行間] [文字間隔] [段落間隔] の書式設定が、テキストスタイルとして登録されます。テキストの揃え方の [配置] は登録されません。

3. ⌘/Ctrl キーを押しながら、「Type」の下の3行のテキストボックスをクリックして選択します❶。[タイポグラフィー] の [⁝⁝] をクリックします❷。

4. ［テキストスタイル］パネルが表示されたら、［＋］をクリックします❶。［新しいテキストのスタイルを作成］パネルが表示されたら、［名前］に以下の文字を入力します❷。

名前	body

［スタイルの作成］をクリックします❸。

5. テキストボックスの選択を解除します❶。［デザイン］パネルの［テキストスタイル］に、スタイル名「heading」と「body」が表示されます❷。

> 🔑 Tech
> オブジェクトの選択を解除すると、［デザイン］パネルの［ローカルスタイル］に、登録したスタイルの一覧が表示されます。

02 テキストスタイルの編集

登録したテキストスタイルの設定を変更し、スタイルを更新します。

1. 選択が解除された状態で、［テキストスタイル］の「body」の［ ］をクリックします❶。［テキストスタイルを編集］パネルが表示されたら、［プロパティ］の［ウェイト］を「Regular」から以下に変更します❷。

ウェイト	Medium

2. 「body」が適用されているコンポーネントやインスタンスの、テキストのウェイトが変わります❶。

> 🔑 Tech
> テキストスタイルの書式設定を変更すると、テキストスタイルが適用されているすべてのテキストの書式設定がまとめて変更されます。

03 エフェクトスタイルの作成

設定済みのドロップシャドウを、エフェクトスタイルに登録します。

1. 「Section 1」セクションの「Category」コンポーネントを選択します❶。[デザイン]パネルの[エフェクト]の[::]をクリックします❷。

2. [エフェクトスタイル]パネルが表示されたら、[＋]をクリックします❶。[新しいエフェクトのスタイルを作成]パネルが表示されたら、[名前]に以下の文字を入力します❷。

名前	card shadow

   [スタイルの作成]をクリックします❸。

3. [エフェクト]の[ドロップシャドウ]に代わって、[エフェクトスタイル]に「card shadow」が表示されます❶。

   > **Tech**
   > エフェクトスタイルを作成することで、[エフェクト]の設定内容を登録して、他のオブジェクトに適用できます。

04 グリッドスタイルの作成

フレームに設定したレイアウトグリッドの内容を、グリッドスタイルとして登録します。

1. 「Home」フレームを選択します❶。[レイアウトグリッド]の[::]をクリックします❷。

   > **Notes**
   > 作例では、[レイアウトグリッド]の「グリッド8px」が （非表示）の状態です。

2 ［グリッドスタイル］パネルが表示されたら、［＋］をクリックします❶。［新しいグリッドスタイルを作成］パネルが表示されたら、［名前］に以下の文字を入力します❷。

名前	4列 +8px

［スタイルの作成］をクリックします❸。

3 ［Home］フレームの2種類の［レイアウトグリッド］の設定（「グリッド 8px」「4列（72px）」）に代わって、「4列 +8px」のスタイル名が表示されます❶。

> **Tech**
> 新しいフレームを作成する際にグリッドスタイルを適用することで、すばやくレイアウトグリッドを設定できます。

05 色スタイルの作成

「Section 1」セクションの背景色（黄色）を、色スタイルとして登録します。

1 「Section 1」セクションを選択します❶。［塗り］に、カラーコード「F6F6DD」が表示されます❷。［ :: ］をクリックします❸。

2 ［ライブラリ］パネルが表示されたら、［＋］をクリックします❶。パネルが表示されたら、［スタイル］を選択し❷、［名前］に以下の文字を入力します❸。

名前	Background/Yellow

［スタイルの作成］をクリックします❹。

> **Notes**
> 「Background」と「Yellow」の間に、半角のスラッシュ（/）を入力してください。

3. ［ライブラリ］パネルで「Background」内の「Yellow」と表示されます❶。［デザイン］パネルの［塗り］には、カラーコード「F6F6DD」に代わって、色スタイル名「Background/Yellow」が表示されます❷。

Tech
スタイル名にスラッシュ（/）を使用すると、階層表示になります。スラッシュは複数使うことも可能です。

❶「Background」内の「Yellow」の表示
❷「Background/Yellow」の表示

06 色スタイルの編集

登録した色スタイルの色を変更して、色スタイルを更新します。

1. 選択を解除します❶。［色スタイル］の「Background」の > を展開し❷、「Yellow」の［⚙］をクリックします❸。

❶ 選択を解除
❷ > を展開
❸ クリック

2. ［色スタイルを編集］パネルが表示されます。［プロパティ］のカラーコード欄に、以下のカラーコードを入力します❶。

| カラーコード | FFFFE0 |

色スタイル「Background/Yellow」が、明るい黄色に変更されました❷。

❷ 明るい黄色に変更
❶「FFFFE0」と入力

3. 色スタイル「Background/Yellow」が設定された「Section 1」セクションの背景色が変更されたことを確認します❶。

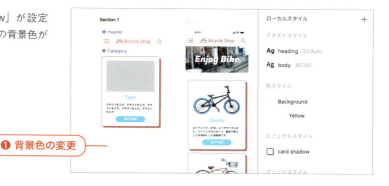

❶ 背景色の変更

LESSON 4
02 バリアブルの作成

スタイルとは異なる、もう1つの設定方法であるバリアブルを使って、カラー設定を登録します。

01 既存のカラー設定の表示

サンプル 4-02-01.fig

現在利用しているカラー設定の一覧を表示します。

1. ⌘/Ctrl ＋ A キーを押して［すべて選択］を実行し、「Section 1」セクションと「Home」フレームを選択します❶。［選択範囲の色］の ＞ を展開すると❷、キャンバス上で使用されているカラー設定がリスト表示されます❸。

> **Tech**
> 作成したすべての要素を選択すると、使われているすべての色が［選択範囲の色］にリスト表示されます。

> **Tips**
> ⌘/Ctrl ＋ A キーは、 メニュー →［編集］→［すべて選択］のショートカットです。

2. 使用中のカラー設定の中で、「Labels/Primary」「Backgrounds/Primary」は、ステータスバーとホームインジケータに使われているカラー設定です❶。「Background/Yellow」は、セクションの背景カラーです❷。残る6色のカラーコードは、作成したオブジェクトに使われています❸。

> **Notes**
> ［選択範囲の色］の一番下にあるカラーコード「C4C4C4」は、図形を描画したときに［塗りの色］となるFigmaの初期設定のグレー色です。作例では、「Category」コンポーネントの長方形に使用しています。

02 既存カラーでバリアブルの作成

カラー設定を、バリアブルに登録します。スタイルとは異なり、1つのバリアブルに複数のカラーを設定できます。

1. 「Section 1」セクションと「Home」フレームが選択された状態で、[デザイン] パネルの [選択範囲の色] の「CF6161」の [::] をクリックします❶。

2. [ライブラリ] パネルが表示されたら、[＋] をクリックします❶。

3. パネルが表示されたら、[バリアブル] を選択し❶、[名前] に以下の文字を入力します❷。

名前	Primary/Red

   [バリアブルを作成] をクリックします❸。

   > **Notes**
   > 「Primary」と「Red」の間にスラッシュ(/)を入力します。

4. [ライブラリ] パネルで、「Primary」グループ内の「Red」として階層表示されます❶。[選択範囲の色] には、カラーコード「CF6161」に代わって、バリアブル名「Primary/Red」が表示されます❷。

5 「Section 1」セクションと「Home」フレームが選択された状態で、[選択範囲の色]の他の3色(「FFFFFF」「000000」「056FBC」)についても前ページの手順①〜③の操作を行います。各バリアブルは、以下の名前で作成します。

バリアブル名1	❶ Primary/White
バリアブル名2	❷ Primary/Black
バリアブル名3	❸ Primary/Blue

📖 **Notes**
「C4C4C4」はFigmaの初期設定の色のため、バリアブルには登録しません。

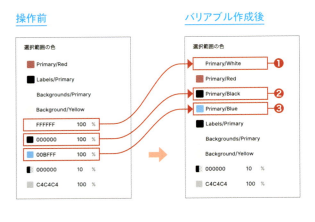

03 新規カラーのバリアブルを作成

バリアブルの設定パネルを開き、既存のカラーではなく、新たにカラーを登録します。

1 選択を解除します❶。[ローカルバリアブル]の[⚙]をクリックします❷。

🔑 **Tech**
登録したスタイルは[デザイン]パネルの[ローカルスタイル]にリスト表示されますが、バリアブルのリスト表示はありません。バリアブルの内容は、[ローカルバリアブル]の[⚙]をクリックして表示します。

2 [バリアブルコレクション]パネルが表示されます。パネルには、これまでに作成した4個のカラー設定が登録されています❶。[＋バリアブルを作成]をクリックして❷、[カラー]を選択します❸。

3. [名前]に、以下の文字を入力します❶。

Return/Enter キーを押して、入力を確定します❷。

4. 「Input」の見出しで、「Gray」のバリアブルが新規登録されます❶。[値]欄のカラーコードを選択して、以下に変更します❷。

> **Notes**
> ここで追加したグレー色のバリアブル「Input/Gray」は、203ページで使用します。

04 バリアブルの編集

登録したバリアブルのカラー設定を変更して、バリアブルを更新します。

1. 「Blue」の[値]欄をクリックして、以下に変更します❶。

[×]をクリックして、パネルを閉じます❷。

2 「Primary/Blue」の青色が更新されます❶。

更新前

更新後

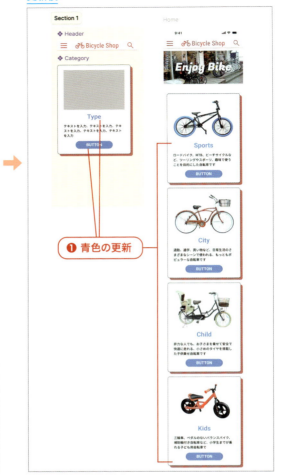

❶ 青色の更新

✓ Check! バリアブル

バリアブル（variable）はプログラミング用語の「変数」を意味し、いろいろな設定内容を取り込める「入れ物」のような機能になります。

カラーの登録ができるので、スタイルによく似ていますが、スタイルが1つのスタイルに1つのカラー設定のみを登録できるのに対して、バリアブルは、1つのバリアブルに複数のカラーを登録できます。Figmaの有料バージョンでは、1つのバリアブルのカラー設定のセットに追加して、複数のセットを作ることができ、必要に応じてカラー設定のセットを切り替えられます。

たとえば、Webページで明るい「ライトモード」から暗い「ダークモード」に切り替えたいとき、バリアブルを利用することで、複数の色をまとめてワンクリックで変更できます。

バリアブルに登録できるのはカラー設定だけでなく、以下の4種類があります。

バリアブルに登録できる設定内容

カラー	カラー設定を登録します。複数のカラー設定を登録し、カラーモードを切り替えるような際に利用できます（有料版）。
数値	［デザイン］パネルで設定する数値を登録します。レスポンシブでサイズを変更する際に利用できます（有料版）。
文字列	文字列を登録します。インタラクションによる文字列の切り替えに利用できます（有料版）。
ブーリアン	trueとfalseの真偽値を登録します。インタラクションによる真偽値の切り替えに利用できます（有料版）。

LESSON 4
03 ページ遷移の作成

新しいページの画面を作成し、「Home」画面のボタンをクリックしたら、そのページへ遷移する動きを作成します。

01 新規画面の追加 サンプル 4-03-01.fig

新しいフレームを作成し、「Home」フレームから必要な要素をコピーします。

1. 「Home」フレームの右横の余白を表示し❶、［♯ フレームツール］を選択します❷。［デザイン］パネルの［フレーム］の［スマホ］のリストから、「iPhone 16」を選択します❸。

2. 「Home」フレームの横に、「iPhone 16 - 1」の名前が付いた「393 × 852」のフレームが表示されます。フレーム全体をドラッグして❶、「Home」フレームの上端に揃えます❷。

3. 「iPhone 16 - 1」フレームが選択された状態で、［レイアウトグリッド］の［ ］をクリックします❶。［グリッドスタイル］パネルが表示されたら、96ページの操作でスタイル登録した「4列＋8px」を選択します❷。

4. ［レイアウトグリッド］にグリッドスタイルの「4列+8px」が表示され❶、新しく作成したフレームに「Home」フレームと同じ4列のレイアウトグリッドが表示されます❷。

5. 「Home」フレームの上部にある「Status Bar」「Header」「Enjoy Bike」「bike_shop 1」を選択します❶。⌘/Ctrl+Dキーを押して、［複製］を実行します❷。

6. 複製されて重なったオブジェクトが選択された状態で、「iPhone 16 - 1」フレームへShiftキーを押しながら水平にドラッグします❶。

7. 「Home」フレームの最下部にある「Home Indicator」を選択します❶。⌘/Ctrl+Dキーを押して［複製］を実行します❷。複製されて重なった「Home Indicator」が選択された状態で、「iPhone 16 - 1」フレームへドラッグし❸、最下部へ移動します❹。

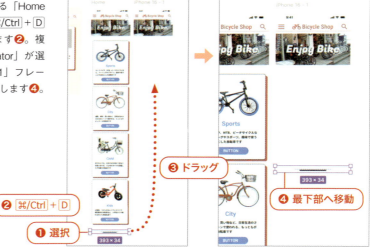

8. 「iPhone 16 - 1」フレームを選択します❶。⌘/Ctrl+Rキーを押してレイヤー名を選択し❷、以下の名前に変更します❸。

レイヤー名	Sports Bike

104

02　Unsplashプラグインによる画像の配置

無料で利用できる Unsplash プラグインを使用して、使用権フリーの画像を配置します。

1 ［アクションツール］を選択します❶。パネルが表示されたら、［プラグインとウィジェット］を選択します❷。Unsplash プラグインをはじめて使用する場合は、検索欄に「unsp」と入力し❸、表示された「Unsplash」をクリックします❹。

> **Tech**
> Unsplash は、ストック写真の Web サイト「Unsplash」で公開されている画像を検索し、配置できるプラグインです。

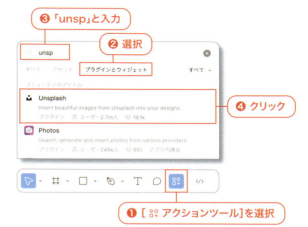

2 Unsplash プラグインをはじめて使用する場合は、Unsplash の紹介が表示されます。［実行］をクリックします❶。

3 ［Unsplash］パネルが表示されたら、［Search］をクリックします❶。

4 検索欄に「bmx」と入力し❶、［Search］をクリックします❷。

> **Notes**
> ここでは BMX（モトクロス自転車）の画像を検索するため、「bmx」と入力しています。

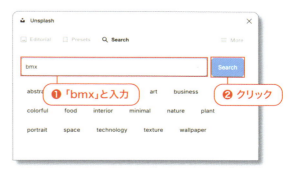

5 検索結果の表示後、［All orientations］を［Landscape］（横向きの画像）に変更します❶。続いて［All licenses］を［Free］（使用権フリー）に変更します❷。画像が絞り込まれます。

> 🔑 **Tech**
> ［Landscape］を選択することで、「横長」の画像に絞り込めます。［Free］を選択することで、有料サービスの「Unsplash+」の画像を選択外にして、無料の画像のみに絞り込めます。

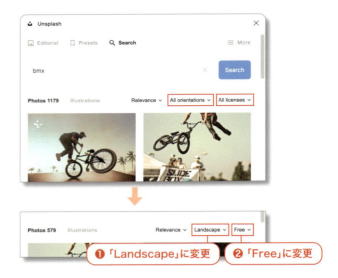

6 ［Unsplash］パネルを開いたまま、その背後にある「Sports Bike」フレームの画像「bike_shop 1」を選択します❶。次に、［Unsplash］パネルの「Nicolas Picard」の画像をクリックします❷。

> 📖 **Notes**
> 作例では、Nicolas Picard 氏の画像を配置しています。Unsplash は日々更新されているため、検索結果もその都度異なります。Nicolas Picard 氏の画像が表示されない場合は、別の画像を配置してください。

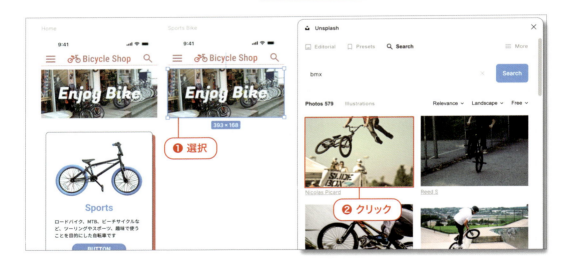

7 選択していたフレームに、［Unsplash］パネルの画像が配置されます❶。フレームが選択された状態で ⌘/Ctrl ＋ R キーを押してレイヤー名を選択し❷、以下の名前に変更します❸。

レイヤー名	Bike Image

106

03 画像の色調変更

配置した画像の色調を変更して暗くし、前面の白いテキストを目立たせます。

1 「Sports Bike」フレームの「Enjoy Bike」のテキストを選択し❶、以下の文字を入力します❷。

入力文字	Sports Bike

❶ テキストを選択　❷「Sports Bike」と入力

2 画像をダブルクリックします❶。[カスタム]パネルが表示されたら、[露出]のスライダーを左方向へドラッグして画像の露出を下げます❷。画像が暗くなり、白色の「Sports Bike」が目立つようになります❸。

❶ ダブルクリック

❸ 画像が暗くなる　❷ ドラッグ

✓ Check! 画像の色調整

画像調整パネルの各設定項目では、右の表の色調整が可能です。画像調整パネルで画像の色味を変更したのち、再度、画像調整パネルを表示すると、前回の設定値が表示されます。スライダを中央に戻すことで、いつでもオリジナルの状態に戻すことができます。

色調整した内容で画像ファイルをエクスポートすることも可能ですが、厳密な色調整が必要な場合は、PhotoshopやAffinity Photoなどの画像ソフトを使います。

色調整の種類

露出	全体の明るさを調整する
コントラスト	明暗を強調、もしくは明暗の差をなくす
彩度	鮮やかにする、もしくは鮮やかさをなくして白黒調にする
温度	黄色い色調（暖い色調）にしたり、青っぽい色調（冷たい色調）にしたりする
濃淡	赤い色調や、緑の色調にする
ハイライト	明るい部分の明暗を調整する
シャドウ	暗い部分の明暗を調整する

LESSON 4　ページ遷移するカード型ページ

04 小さなカード型デザインの作成

オートレイアウトを使用して、小さなカード型デザインを作成します。

1 「Section 1」セクションを選択し❶、高さを以下のように設定します❷。

H	1300

「Section 1」セクションが、下方向に拡大します❸。

2 [□ 長方形ツール]を選択し❶、セクション上をドラッグして長方形を作成します❷。長方形が選択された状態で、[サイズ]を以下のように設定します。

W	❸ 152	H	❹ 128

> **Tech**
> [H]欄の右横にある[縦横比の固定]が選択されていると、[W]と[H]に個別の数値を入力できません。[縦横比の解除]の状態にして入力します。
>
>
> 縦横比の固定

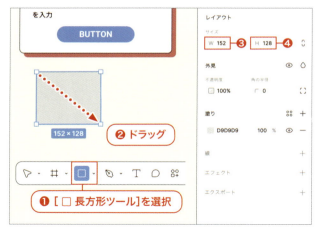

3 [T テキストツール]を選択し❶、長方形の下をクリックして❷、以下の文字を入力します❸。

入力文字	TYPE

テキストボックスを選択して、[タイポグラフィー]で以下のように設定します。

フォント	❹ Roboto
ウェイト	❺ Regular
フォントサイズ	❻ 16
配置	❼ ≡ テキスト中央揃え

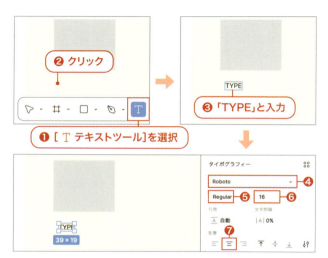

4. もう一度 [T テキストツール] を選択し①、「TYPE」の文字の下をクリックして②、以下の文字を入力します③。

| 入力文字 | 0円 |

テキストボックスを選択して、[タイポグラフィー] で以下のように設定します。

フォント	④ Noto Sans JP
ウェイト	⑤ Regular
フォントサイズ	⑥ 16
配置	⑦ ≡ テキスト中央揃え

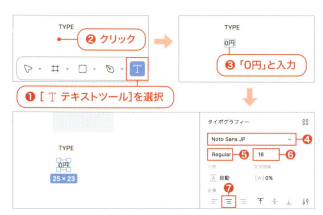

5. 3個のオブジェクトを選択します①。[位置合わせ] の [╪ 水平方向の中央揃え] をクリックして②、長方形の幅の中央に揃えます③。

Notes
次のオートレイアウトの操作後に中央に揃うように、あらかじめテキストボックスを中央に揃えています。

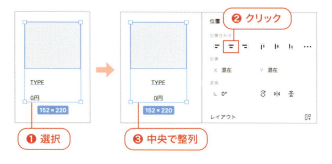

6. 3個のオブジェクトを選択した状態で Shift + A キーを押して、[オートレイアウトを追加] を実行します①。中央で整列するオートレイアウトが作られます②。

Tech
オートレイアウトを [縦に並べる] 方向で実行すると、各オブジェクトの左右がフレームの幅に合わせて拡大するように、自動で変換されます。テキストボックスは、フレームの幅に変わります。

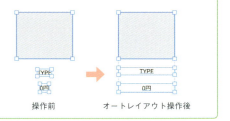

操作前　　オートレイアウト操作後

7. 長方形を選択します①。[レイアウト]の[W]の ∨ をクリックし②、以下に変更します③。

| W | ⊢⊣ 幅を固定 |

Notes
オートレイアウトの操作後、長方形の [W] が自動で [↔ コンテナに合わせて拡大] に変更されました。大きさを固定にするため、ここでは [⊢⊣ 幅を固定] を選択しています。

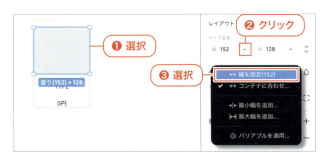

LESSON 4　ページ遷移するカード型ページ

8　オートレイアウトのフレームを選択します❶。[オートレイアウト] を、以下のように設定します。

W	❷ ⋈ コンテンツを内包
H	❸ ⋈ コンテンツを内包
配置	❹ 上揃え（中央）
⋈ 上下の間隔	❺ 8
⊫ 水平パディング	❻ 8
⊤ 垂直パディング	❼ 8

長方形のサイズ（152×128）は維持され❽、フレームの周囲に均等な余白ができます❾。

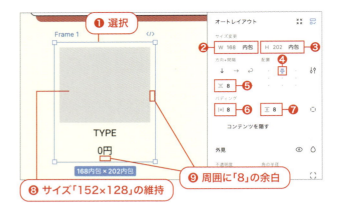

9　[オートレイアウト] の [⋮] を選択して❶、[パディング（個別）] を表示し、以下のように設定します。

⊫ 左パディング	❷ 8
⊣⊢ 右パディング	❸ 8
⊤ 上パディング	❹ 8
⊥ 下パディング	❺ 16

下端に他より大きな余白ができます❻。

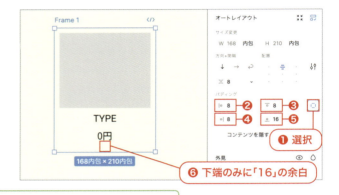

Tech

[⋮] を選択すると、上下左右のパディングに異なる数値を入力できます。設定後、[⋮] の選択を解除すると、異なる数値はカンマ区切りで表示されます。

✓ Check! 「コンテナに合わせて拡大」と「コンテンツを内包」

オートレイアウトでは、フレームとフレーム内の要素を同調させた拡大縮小ができます。2種類の設定方法があります。

❶ コンテナに合わせて拡大

オートレイアウト内の要素に対して [コンテナに合わせて拡大] を設定できます。「コンテナ（入れ物）」であるオートレイアウトのフレームを拡大縮小すると、それに合わせてフレーム内の要素も拡大縮小されます。

❷ コンテンツを内包

オートレイアウトのフレームに対して [コンテンツを内包] を設定できます。フレーム内の要素を拡大縮小すると、それに合わせてフレームも拡大縮小されます。

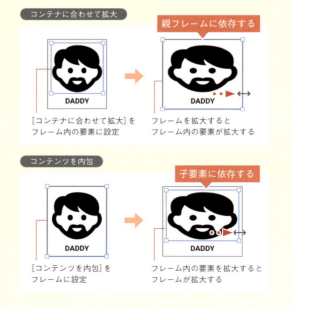

05 バリアブルやスタイルの適用

小さなカード型デザインに、バリアブルやエフェクトスタイルを適用します。

1 「TYPE」と「0円」テキストボックスを選択して❶、［塗り］の［:::］をクリックします❷。［ライブラリ］パネルで、以下のカラーバリアブルを選択します❸。

| 塗りの色 | Primary/Black |

テキストにカラーバリアブルの黒が設定されます。

2 オートレイアウトのフレームを選択して❶、［塗り］の［:::］をクリックします❷。［ライブラリ］パネルで、以下のカラーバリアブルを選択します❸。

| 塗りの色 | Primary/White |

フレームの背景が白色になります❹。

3 フレームが選択された状態で、［線］の［:::］をクリックします❶。［ライブラリ］パネルで、以下のカラーバリアブルを選択します❷。

| 線の色 | Primary/Black |

フレームの境界線が黒色になります❸。

LESSON 4　ページ遷移するカード型ページ

111

4 フレームが選択された状態で、[外見]の[⌒角の半径]の入力欄の[◉]をクリックします❶。[ライブラリ]パネルが表示され、[Material 3 Design Kit]の[Corner]のリストが現れます。リストから以下を選択します❷。

| 数値バリアブル | Small |

5 [外見]の[⌒角の半径]に[Material 3 Design Kit]の数値設定のバリアブル「8」が適用され❶、フレームの4つのコーナーが丸くなります❷。

6 フレームが選択された状態で、[エフェクト]の[⠿]をクリックします❶。[エフェクトスタイル]パネルで、95ページで作成した以下のエフェクトスタイルを選択します❷。

| エフェクトスタイル | card shadow |

フレームに赤い影が付きます❸。

✅ Check! 数値設定のバリアブル

Googleのデザインシステム「Material 3 Design」をFigmaのコンポーネントやバリアブルとして利用できるようにしたものが「Material 3 Design Kit」です。「Material 3 Design Kit」にはさまざまな数値設定のバリアブルが登録されていて、[角の半径]はその1つになります。

「Material 3 Design」では、四角形の大きさによって角の半径を変えることが推奨されていて、バリアブルにも複数の数値が登録されています。

Material 3 Design Kitのバリアブル

[角の半径]のための数値設定のバリアブル

06 複数のオブジェクトの置き換え

コンポーネントを作成し、複数のインスタンスを配置します。

1 フレームが選択された状態で、[デザイン]パネルの[❖]をクリックします❶。

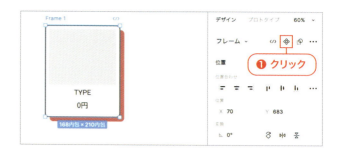

2 コンポーネントに変換されたフレームが選択された状態で❶、⌘/Ctrl + R キーを押してレイヤー名を選択し❷、以下の名前に変更します❸。

レイヤー名	Bike Info

3 [□ 長方形ツール]を選択して❶、「Sports Bike」フレームの1列目から2列目までをドラッグして長方形を作ります❷。長方形が選択された状態で、[位置]と[サイズ]を以下のように設定します。

X	❸ 16	Y	❹ 336
W	❺ 168	H	❻ 210

4 Option/Alt + Shift キーを押しながら、長方形を右方向へドラッグして、レイアウトグリッドの3列目と4列目の上に複製します❶。

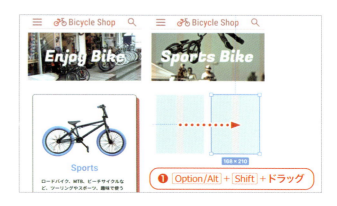

5 2個の長方形を選択し❶、Option/Alt + Shift キーを押しながら下方向へドラッグして複製し❷、合計 4 個にします。

> **Notes**
> 後の操作で位置を調整するので、下方向の位置はどこでもかまいません。

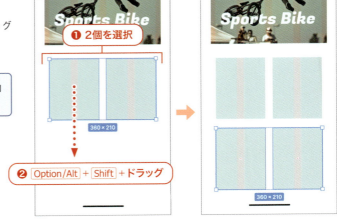

6 「Section 1」セクションの「Bike Info」コンポーネントを選択し❶、⌘/Ctrl + C キーを押して[コピー]します❷。

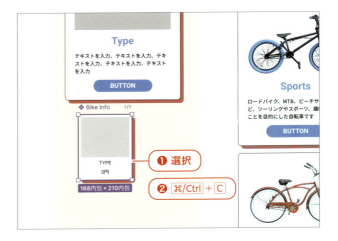

7 「Sports Bike」フレームの 4 個の長方形を選択します❶。Shift + ⌘/Ctrl + R キーを押して、[貼り付けて置換]を実行します❷。4 個の長方形が削除されて、同じ位置に「Bike Info」インスタンスが配置されます❸。

> **Tech**
> [貼り付けて置換]を実行すると、選択したオブジェクトが削除され、同じ位置に、クリップボードにコピーされたオブジェクトが配置されます。

> **Tips**
> Shift + ⌘/Ctrl + R キーは、🍎 メニュー → [編集] → [貼り付けて置換] のショートカットです。

114

07 オートレイアウトで折り返し

オートレイアウトの［折り返す］を設定し、4個のインスタンスを格子状に並べます。

1 4個の「Bike Info」インスタンスを選択します❶。[Shift]+[A]キーを押して、［オートレイアウトを追加］を実行します❷。

2 オートレイアウトのフレームが選択された状態で、［オートレイアウト］を以下のように設定します。

方向	❶ ⤶ 折り返す
配置	❷ 上揃え（左）
左右の間隔	❸ 24
上下の間隔	❹ 24
水平パディング	❺ 0
垂直パディング	❻ 0

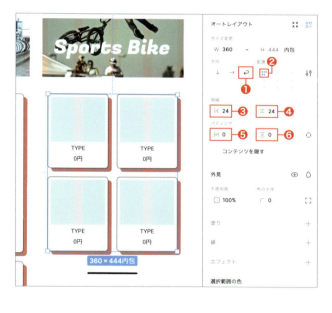

🔑 Tech

［⤶ 折り返す］を選択すると、左から右方向へ整列したのちに、右端でいっぱいになったときに自動で折り返します。画面の横幅によって成り行きで配置が変わる、レスポンシブのレイアウトで必須となる機能です（172ページを参照）。

右端でジグザグに折り返す

3 オートレイアウトのフレームが選択された状態で、[⌘/Ctrl]+[R]キーを押してレイヤー名を選択し❶、以下の名前に変更します❷。

レイヤー名	Product List

LESSON 4　ページ遷移するカード型ページ

08 インスタンスへ画像とテキストの配置

インスタンスに、画像とテキストを配置します。ボックスからはみ出さないように、画像のサイズを調整します。

1 [Shift]+[⌘/Ctrl]+[K]キーを押して、[画像を配置]を実行します❶。ファイル選択のウィンドウが表示されたら、本書用のデータ「Lesson4」>「4-03」>「img」から以下の画像ファイルを同時に選択します❷。

ファイル名1	bike_beach1.jpg
ファイル名2	bike_beach2.jpg
ファイル名3	bike_bmx.jpg
ファイル名4	bike_fat.jpg

[開く]をクリックします❸。

2 キャンバスに戻ると、ポインタの形状が④の付いた画像のサムネイルに変化します❶。左上の長方形をクリックすると❷、自転車の画像が配置されます❸。

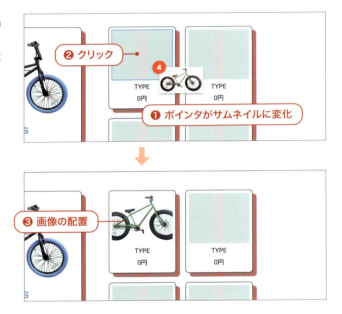

3 右上❶、左下❷、右下❸の長方形を順番にクリックして、合計4個の画像を配置します。

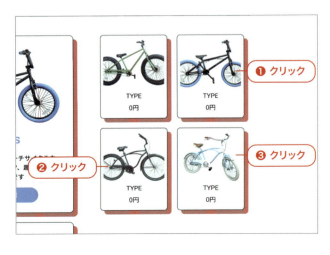

4　⌘/Ctrl キーを押しながら、左上の画像ボックスをダブルクリックします❶。[カスタム]パネルで、編集方法を[サイズに合わせる]に設定します❷。自転車の画像が、ボックス内に収まるように縮小されます❸。

5　画像がはみ出している右上と左下の画像にも同じ操作を行って[サイズに合わせる]を設定し、画像を縮小します❶。

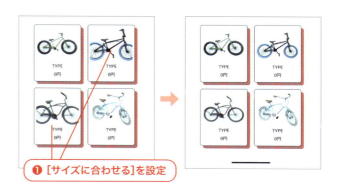

6　本書用のデータ「Lesson4」>「4-03」>「txt」フォルダの「copy3.txt」を、テキストエディタで開きます❶。

7　1段落目の「FAT BIKE」を ⌘/Ctrl + C キーを押して[コピー]します❶。Figma に戻って、左上のインスタンスの「TYPE」を選択し❷、⌘/Ctrl + V キーを押して[ペースト]します❸。

⑧ テキストエディタに戻ります。2段落目の「¥100,000」を ⌘/Ctrl + C キーを押して［コピー］します❶。Figmaに戻って、インスタンスの「¥0」を選択し❷、⌘/Ctrl + V キーを押して［ペースト］します❸。

⑨ 同じ方法で、残りのテキストを1行ずつ選択して ⌘/Ctrl + C キーを押して［コピー］し❶、他のインスタンスの「Type」と「¥0」を選択し❷、⌘/Ctrl + V キーを押して［ペースト］します❸。

09 バリアントの作成

ボタンをコンポーネント化したのち、コンポーネントの別形態であるバリアントを作成します。

① ⌘/Ctrl キーを押しながら、「Section 1」セクションの「Category」コンポーネントの中の「Button」フレームをクリックして、選択します❶。ドラッグして、「Category」の外へ移動します❷。

> 🔑 **Tech**
>
> コンポーネント内のオブジェクトは、コンポーネントに変換することができません。作例では、「Button」フレームをコンポーネントに変換するため、「Category」コンポーネントの外へいったん移動しています。

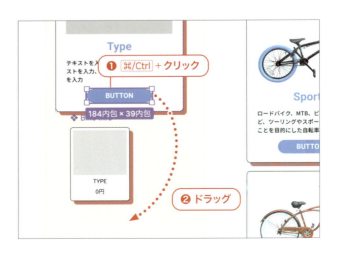

2 コンポーネントから「Button」フレームを外したことで、「Home」フレームの4個のインスタンスから「Button」フレームが消えます❶。

❶「Button」フレームの消失

3 「Section 1」セクションの「Button」フレームが選択された状態で、[デザイン]パネルの[❖]をクリックします❶。

4 コンポーネントに変換された「Button」が選択された状態で、[デザイン]パネルの[❖]をクリックします❶。紫色の点線で囲まれた「コンポーネントセット」ができて❷、「Button」コンポーネントと同じ形の「バリアント」が作られます❸。

> 🔑 **Tech**
> 「バリアント」は異形（variant）の名の通り、コンポーネントの別の形態です（120ページの「Check!」を参照）。作成されたバリアントを含めて1つのコンポーネントであるため、点線で囲まれた「コンポーネントセット」として扱われます。

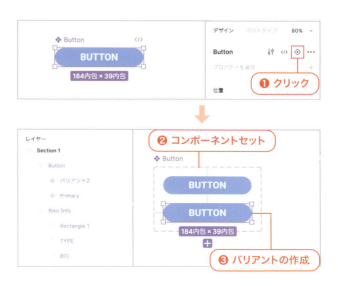

5　追加されたバリアントが選択された状態で、[塗り]のバリアブル「Primary/Blue」の[ ] をクリックします❶。

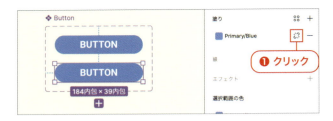

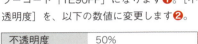

6　バリアブルのカラー設定が解除されて、カラーコード「1E90FF」になります❶。[不透明度]を、以下の数値に変更します❷。

不透明度	50%

バリアントが水色になります❸。

7　紫色の点線をクリックして、コンポーネントセットを選択します❶。[プロパティ]の「プロパティ1」の[ ]をクリックします❷。[バリアントプロパティの編集]パネルが表示されたら、[名前]を以下に変更します❸。

名前	status

> **Tech**
> コンポーネントセットをインタラクションで操作するために、「プロパティ名」を設定します。「プロパティ名」は日本語でも入力できますが、通常はコーディングにあわせて英語で入力します。

8　コンポーネントセットの上段のバリアントを選択します❶。[現在のバリアント]の「status」の入力欄に、以下の文字を入力します❷。

status	default

> ✅ **Check!** バリアント
> コンポーネントは、見た目を変えたバリアント（variant＝異形）を作ることができます。たとえば、ボタンにマウスオーバーしたときに色が変わるようにしたい場合は、コンポーネントにバリアントを追加してデザインします。
> 元になるデザインからバリエーションを作るため、デザインを統一できるメリットもあります。

9 コンポーネントセットの下段のバリアントを選択します❶。[現在のバリアント] の「status」の入力欄に、以下の文字を入力します❷。

status	hover

> 📖 **Notes**
> ここでは、バリアントのプロパティ「status」に「hover（マウスを動かす）」という「値」を設定しています。

10 [アセット] パネルを選択して❶、[このファイル内で作成] を選択します❷。

11 コンポーネントのリストの中から「Button」コンポーネントを選択して、「Category」コンポーネントのオートレイアウト内の一番下にドラッグ&ドロップします❶。配置すると、「Category」インスタンスにも「Button」インスタンスが表示されます❷。

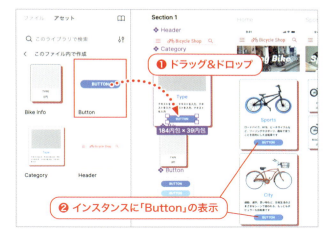

✓ Check! バリアントのプロパティ

コンポーネントセットに「プロパティ（属性）」を設定し、各バリアントに異なる「値」を設定することで、その「値」を呼び名にして、コンポーネントの見た目を変える操作が可能になります。
作例では、「Button」コンポーネントセットに対して「status（状態）」というプロパティを設定し、1番目のバリアントに「default（初期状態）」、2番目バリアントに「hover（重ねた状態）」という「値」を設定しました。

123ページで、1番目のバリアントのボタンの上にポインタが置かれたときに、2番目のバリアントのボタンに見た目が変わるインタラクションを設定します。

マウスオーバーのインタラクション

default（初期状態）　　　hover（重ねた状態）

10 複数テキストの一括編集

複数のボタンのテキストボックスを選択して、1回の入力ですべてのテキストを変更します。

① ［ファイル］パネルの［レイヤー］で、「Home」フレームの「Categories」内にある4個の「BUTTON」テキストボックスをすべて選択します❶。

🔑 Tech
離れたレイヤーを同時に選択するには、⌘/Ctrl キーを押しながらクリックします。

💡 Tips
Option/Alt キーを押しながら、レイヤー名の左に表示される 〉 をクリックすると、レイヤー内の全要素が展開されます。再度クリックすると、全要素が折りたたまれます。選択しているレイヤーに限らず、全レイヤーの折りたたみを行うショートカットは Option/Alt + L キーです。

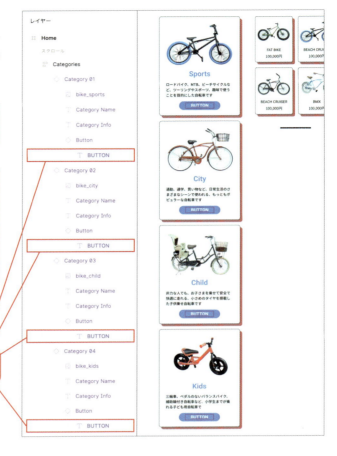

❶「BUTTON」テキストボックスをすべて選択

② ［デザイン］パネルの［|A｜］をクリックします❶。一番上の「Category」インスタンスの「BUTTON」テキストボックスの左右に赤いタテ線が表示されたら、以下の文字を入力します❷。

入力文字	VIEW

入力すると、残り3個のテキストボックスのテキストも変わります❸。

🔑 Tech
複数のテキストボックスを選択して、［デザイン］パネルの［|A｜］をクリックすると、1回の入力ですべてのテキストを変更できます。

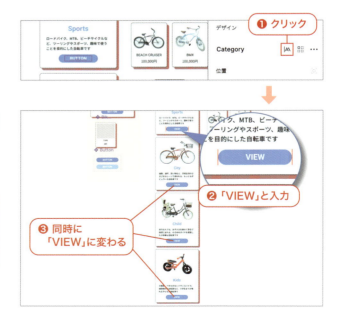

❶ クリック
❷「VIEW」と入力
❸ 同時に「VIEW」に変わる

11 ページ遷移のインタラクション設定

サンプル 4-03-11.fig

マウスオーバーで色が変わり、クリックすると「Sports Bike」ページに遷移するボタンを設定します。

1 ［プロトタイプ］パネルを選択します❶。「Section 1」セクションの「Button」コンポーネントセットの上段のバリアントを選択します❷。バリアントの上にポインタを移動して ⊕ が表示されたら❸、⊕ から外側へドラッグして矢印のコネクションを伸ばし❹、下段のバリアントの上で停止します❺。

> **Tech**
> オブジェクト同士を繋ぐための ⊕ は、［プロトタイプ］パネルを選択したときのみ表示されます。⊕ は、オブジェクトを囲む境界線の４つの辺上に表示され、どの位置の ⊕ からドラッグしても同じ結果になります。

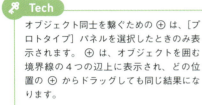

2 上段と下段のバリアントが、コネクションで結ばれます❶。［インタラクション］パネルが表示されたら、以下のように設定します。

トリガー	❷ 🖱 マウスオーバー
アクション	❸ 🔄 次に変更
変更先	❹ hover
アニメーション	❺ 即時

> **Tech**
> インタラクションとは、ユーザーが画面を操作したときの反応や振る舞いのことです。作例では、［インタラクション］パネルを使って、マウスオーバーしたときにボタンが濃い青色（上段のバリアント）から薄い青色（下段のバリアント）に変化する設定を行っています。

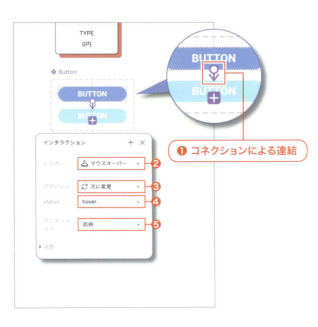

3. ⌘/Ctrl キーを押しながら、「Home」フレームの一番上の「VIEW」ボタンをクリックして選択し、⊕ を表示します❶。⊕ から「Sports Bike」フレームまでドラッグし❷、「VIEW」ボタンと「Sports Bike」フレームを矢印のコネクションで結びます❸。

> 🗝 **Tech**
>
> 間違った場所へドラッグして連結に失敗した場合は、作成した矢印のコネクションの線上をドラッグして、何もない場所で離します。コネクションが消えて、連結を解除できます。

コネクションをドラッグして連結の解除

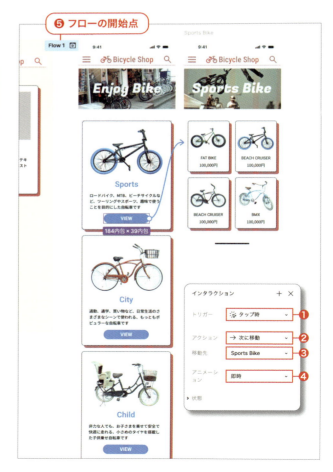

4. ［インタラクション］パネルが表示されたら、以下のように設定します。

トリガー	❶ ✦ タップ時
アクション	❷ → 次に移動
変更先	❸ Sports Bike
アニメーション	❹ 即時

「Home」フレームの左上に、［🔲 フローの開始点］が表示されます❺。

> 🗝 **Tech**
>
> ［🔲 フローの開始点］は、フレームからフレームへ移動する際のスタート地点であることを示しています。［🔲 フローの開始点］が自動で表示されない場合は、フレームを選択して、［プロトタイプ］パネルの［フローの開始点］の［＋］をクリックします。

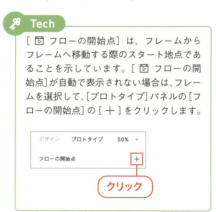

クリック

124

⑤ 「Section 1」セクションの「Header」コンポーネント内にある、「Site Name」フレームを選択します❶。境界線に表示された⊕から「Home」フレームまでドラッグし、両者をコネクションで連結します❷。

⑥ 「Header」コンポーネントと「Home」フレームが、コネクションで結ばれます❶。[インタラクション]パネルが表示されたら、以下のように設定します。

トリガー	❷ ☆ タップ時
アクション	❸ → 次に移動
変更先	❹ Home
アニメーション	❺ 即時

🔑 Tech

コンポーネントにインタラクションを設定すると、コンポーネントから作られたすべてのインスタンスに同じインタラクションが設定されます。

🔑 Tech

[インタラクション]パネルを閉じたのちにもう一度表示したいときは、コネクションの矢印の上をクリックするか、設定したオブジェクトを選択し、[プロトタイプ]パネルの[インタラクション]の設定名(作例では「タップ」)をクリックします。

✓ Check! トリガー

インタラクションの設定では、最初にトリガーを指定します。トリガーは、処理開始の引き金(trigger)となる動きのことで、以下の種類があります。

トリガーの種類

☆ タップ時/クリック時	タップ・クリックしたとき
ドラッグ時	ドラッグしたとき
マウスオーバー	マウスオーバーしている間

押下中	マウスボタンを押している間
キー/ゲームパッド	指定したキーを押したとき
マウスエンター	マウスが乗った瞬間
マウスリーブ	マウスが離れた瞬間
タッチダウン	マウスを押した瞬間
タッチアップ	マウスを押すのを離した瞬間
アフターディレイ	指定した時間が経過したとき

LESSON 4 ページ遷移するカード型ページ

12 ページ遷移のプレビュー再生

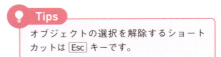

サンプル 4-03-12.fig

プレビュー再生して、ボタンによるページ遷移をテストします。

1. キャンバス上の余白をクリックして、すべての選択を解除します❶。右パネルの [▷] をクリックします❷。

> **Tips**
> オブジェクトの選択を解除するショートカットは [Esc] キーです。

❷ クリック

❶ 余白をクリックし選択を解除

2. プレビュー再生用のタブに、「Home」フレームがプレビュー再生されます。「VIEW」ボタンの上にポインタを移動すると、ボタンの色が変わります❶。

❶ ボタンの上にポインタを移動するとボタンの色が変わる

③ 「Sports」の「VIEW」ボタンをクリックすると❶、「Sports Bike」の画面に変わります❷。

❶ クリック　❷「Sports Bike」へ移動

④ 「Sports Bike」の画面の「自転車アイコン」や「Bicycle Shop」をクリックすると❶、「Home」の画面に戻ります❷。テストを終えたら、プレビュー再生用のタブを閉じます。

❶ クリック　❷「Home」へ移動

✅ Check!　マウス操作と指の操作の違い

作例では、「Button」コンポーネントに［マウスオーバー］のインタラクションを設定しました。これにより、「Home」フレーム上の4個の「VIEW」ボタンは、どれもマウスオーバーで色が変わるインタラクションとなります。
しかし、スマホやタブレット上で指を使ってマウスオーバーの操作を行っても、通常では色は変わりません。Figmaのプレビュー再生でのマウス操作による結果は、スマホの指の操作とは異なることがあるので注意しましょう。

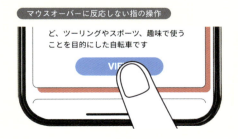

マウスオーバーに反応しない指の操作

LESSON 4　ページ遷移するカード型ページ

LESSON 4 04 オーバーレイの作成

現在のページのオブジェクトをクリックすると、新しいウィンドウが重なるオーバーレイを作成します。

01 カード型デザインの拡大

サンプル 4-04-01.fig

小さなカード型デザインをコピーして、拡大します。

1. 「Sports Bike」フレームの「Product List」オートレイアウトの左上に配置された「Bike Info」インスタンスを選択します❶。Option/Alt キーを押しながらドラッグして、右横の余白に移動します❷。

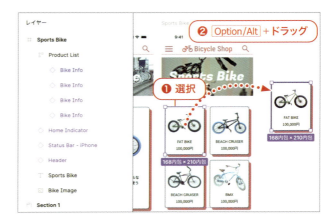

2. コピーされた「Bike Info」インスタンスが選択された状態で、Option/Alt + ⌘/Ctrl + B キーを押して[インスタンスの切り離し]を実行します❶。これによりインスタンスではなくなり、境界線が紫色から青色に変わります❷。

> **Tips**
> Option/Alt + ⌘/Ctrl + B キーは、 メニュー →[オブジェクト]→[インスタンスの切り離し]のショートカットです。

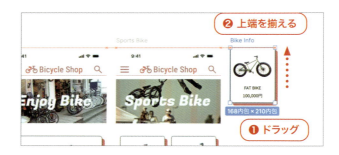

3. 「Bike Info」フレームをドラッグして❶、「Sports Bike」フレームと上端を揃えます❷。

4 「Bike Info」フレームが選択された状態で、[拡大縮小ツール]を選択します❶。[デザイン]パネルを選択し❷、[拡大縮小]の[アンカーポイント]を以下のように設定します❸。

| アンカーポイント | 左上 |

大きさを以下のように設定します。

| W | ❹ 352 | H | ❺ 440 |

フレームが、左上を基準に拡大します❻。

> **Tech**
> [拡大縮小ツール]を選択して、[デザイン]パネルの[拡大縮小]の[W]と[H]のどちらかに数値入力すると、縦横比を維持して拡大縮小できます。その際、線の太さとドロップシャドウの設定も一緒に拡大されます。

5 「Bike Info」フレームが選択された状態で、[移動ツール]を選択します❶。[エフェクト]の[ ]をクリックします❷。[エフェクトスタイル]パネルが表示されたら、以下のエフェクトスタイルを選択します❸。

| エフェクトスタイル | card shadow |

赤い影の幅が縮小します❹。

> **Notes**
> エフェクトスタイルを設定し直すことで、[拡大縮小ツール]で拡大された影の幅を元に戻します。

6 「Bike Info」フレームが選択された状態で⌘/Ctrl+Rキーを押してレイヤー名を選択し❶、以下の名前に変更します❷。

| レイヤー名 | Bike Detail |

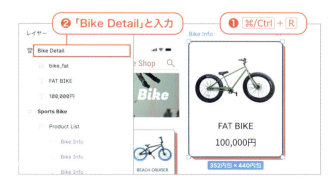

02 オートレイアウトへテキストの追加

長文のテキストをコピーし、カード型デザインのオートレイアウトに追加します。

1. 本書用のデータ「Lesson4」>「4-04」>「txt」フォルダの「copy4.txt」をテキストエディタで開きます❶。表示されたテキストをすべて選択して、⌘/Ctrl+Cキーを押して[コピー]します❷。

2. Figmaに戻ります。[T テキストツール]を選択し❶、「Bike Detail」フレームの下をドラッグし、自由な大きさでテキストボックスを作成します❷。テキストボックスにカーソルが点滅したら、⌘/Ctrl+Vキーを押して「copy4.txt」のテキストを[ペースト]します❸。

> **Notes**
> コピー&ペーストされたテキストの書式設定は、操作時の状況によって異なります。右の図とは異なっていてもかまいません。

3. テキストボックスを選択します❶。[タイポグラフィー]の[::]をクリックします❷。[テキストスタイル]パネルが表示されたら、以下のテキストスタイルを選択します❸。

テキストスタイル	body

4. テキストボックスのテキスト全体に、テキストスタイル「body」が適用されます❶。

> 📖 **Notes**
> テキストをどのように配置するかの設定は、テキストスタイルに含まれません。そのため、右図は［テキスト中央揃え］ですが、テキストを入力した際の設定によっては［テキスト左揃え］の場合もあり得ます。

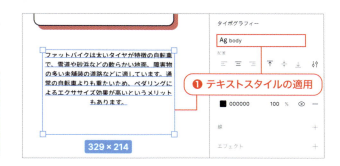

5. ［レイアウト］を以下のように設定して、テキストボックスの大きさを変更します。

W	❶ 290
サイズ調整	❷ ≣↕ 高さの自動調整

［タイポグラフィー］の［配置］を、以下のように設定します❸。

配置	≡ テキスト左揃え

> 🔑 **Tech**
> ［サイズ調整］と［配置］は、テキストスタイルに含まれません。そのため、別途設定が必要です。

6. テキストボックスを「Bike Detail」フレーム内へドラッグし、「100,000円」の下に移動します❶。オートレイアウトに要素が追加されて、自動で整列されます❷。

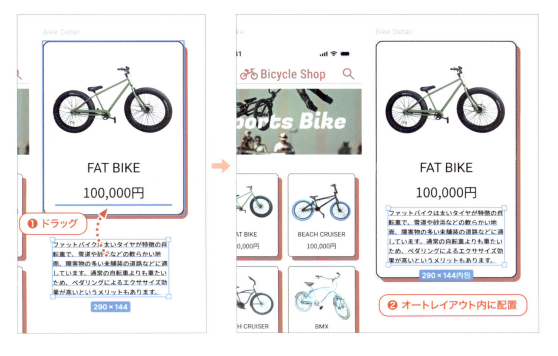

03 Iconifyプラグインによるアイコンの配置

Iconify プラグインを使って Cancel アイコンを検索し、配置します。

1 ［ アクションツール］を選択して❶、パネルが表示されたら［プラグインとウィジェット］を選択します❷。「Iconify」をクリックします❸。

> **Notes**
> 「Iconify」が表示されないときは、52 ページを参照してください。

2 ［Iconify］パネルが表示され、アイコンセット名が表示されたら「Material Symbols」をクリックします❶。

> **Notes**
> Iconify プラグインの前回の操作内容（53 ページの手順⑥）の画面が表示され、右図の画面にならないときは、左上の［Import］をクリックします。
>
>

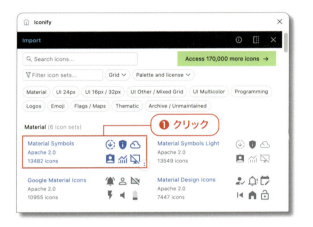

3 「Material Symbols」のアイコンセットが表示されます❶。検索欄に「cancel」と入力し❷、［🔍］をクリックします❸。

4 検索されたアイコンの中から、最初のアイコン（material-symbols:cancel）をクリックします❶。選択したアイコンがパネルの下端にプレビュー表示されたら❷、大きさと色を以下のように設定します。

Size	❸ 48
Color	❹ #CF6161

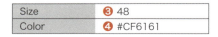

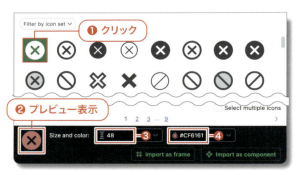

5 プレビューを、キャンバスの「Section 1」セクション内へドラッグ＆ドロップします❶。アイコンが配置されたら、[Iconify] パネルを閉じます。

6 [レイヤー] の「material-symbols:cancel」フレームが、「Section 1」セクション内にあることを確認します。他のレイヤーにある場合は、ドラッグで移動します❶。

🔑 Tech
セクションやフレーム上にオブジェクトをドラッグしただけでは、その階層内に配置されない場合があります。[レイヤー] を確認し、目的の階層内に配置されていないときは配置し直します。

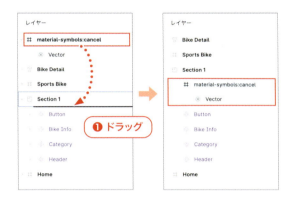

7 「material-symbols:cancel」アイコンが選択された状態で、[デザイン] パネルの [❖] をクリックします❶。

8 コンポーネントに変換されたアイコンが選択された状態で、⌘/Ctrl + R キーを押してレイヤー名を選択し❶、以下の名前に変更します❷。

9 ［アセット］パネルを選択して❶、［このファイル内で作成］を選択します❷。

10 コンポーネントのリストの中から「Close」コンポーネントを選択して、「Bike Detail」フレームの一番下にドラッグ＆ドロップします❶。インスタンスが配置されて、オートレイアウトのフレーム内で整列されます。

04　オーバーレイのインタラクション設定　サンプル 4-04-04.fig

クリックすると、現在の画面に別の画面が重なるオーバーレイを設定します。

1 ［プロトタイプ］パネルを選択します❶。⌘/Ctrl キーを押しながら「Sports Bike」フレームの左上の「Bike Info」インスタンスの境界線をクリックして、選択します❷。境界線に表示された ⊕ から「Bike Detail」フレームまでドラッグして❸、コネクションで結びます❹。

134

2 [インタラクション] パネルが表示されたら、以下のように設定します。

トリガー	❶ ☼ タップ時
アクション	❷ 🔲 オーバーレイを開く
オーバーレイ	❸ Bike Detail
位置	❹ 中央
外部をクリックしたときに閉じる	❺ チェック
背景	❻ チェック
背景色	❼ 000000
不透明度	❽ 50%
アニメーション	❾ 即時

3 「Bike Detail」フレームの「Close」インスタンスを選択します❶。[プロトタイプ] パネルの [インタラクション] の [＋] をクリックします❷。

4 [インタラクション] パネルが表示されたら、以下のように設定します。

トリガー	❶ ☼ タップ時
アクション	❷ ⊠ オーバーレイを閉じる

05 オーバーレイのプレビュー再生 （サンプル）4-04-05.fig

オーバーレイをプレビュー再生します。

1 「Sports Bike」フレームを選択します❶。右パネルの [▷] をクリックします❷。

🔑 Tech
フレームを選択して [▷] をクリックすると、そのフレームからプレビュー再生が開始されます。

② プレビュー再生用のタブに、「Sports bike」フレームがプレビュー再生されます。左上の「FAT BIKE」のカードをクリックすると❶、自転車の詳細情報がオーバーレイします❷。

> 🔑 **Tech**
> 作例では、[インタラクション]パネルで[背景]にチェックを入れたため、オーバーレイの背景が黒色で覆われています。

❶ クリック
❷ オーバーレイの表示

③ ❌ をクリック❶、もしくはオーバーレイの外側をクリックすると❷、オーバーレイが閉じられます❸。テストを終えたら、プレビュー再生用のタブを閉じます。

> 🔑 **Tech**
> 作例では、[インタラクション]パネルで[外部をクリックしたときに閉じる]にチェックを入れました。この設定によって、オーバーレイの外側をクリックしたときに、オーバーレイが閉じられます。

❶ クリック
❷ オーバーレイの外側をクリック
❸ オーバーレイの非表示

✅ Check! プレビュー再生のスタート画面

プレビュー再生時に表示される画面には、以下のルールがあります。

❶ フローの開始点からプレビュー再生
[プロトタイプ]パネルでフレーム間にコネクションを追加すると、1番目のフレームの左上に[🏁フローの開始点]が自動で作成され、「Flow 1」が表示されます（124ページを参照）。この数字が表示順を表していて、若い数字のフレームからプレビュー再生が開始されます。

❷ フローの開始点を指定する
「Flow ＋番号」が表示されていないフレームに[フローの開始点]を設定したいときは、フレームを選択して[プロトタイプ]パネルの[フローの開始点]の[＋]をクリックします。
既存の「Flow ＋番号」の順番を変えたいときは、[プロトタイプ]パネルの[フローの開始点]の名称（「Flow 番号」）をダブルクリックして、番号を編集します。

❸ オブジェクトを選択してプレビュー再生
オブジェクトを選択して右パネルの[▷]をクリックすると、そのオブジェクトを含んだ最上位のフレーム（キャンバス上のフレーム）からプレビュー再生が開始されます。

LESSON 5

ハンバーガーメニューと
カルーセル

ハンバーグアイコンによるメニューリストの
表示や、画像が切り替わるカルーセルを作成
します。バリアントとインタラクションをよ
り深くマスターします。

LESSON 5 の内容

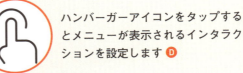

ハンバーガーアイコンをタップするとメニューが表示されるインタラクションを設定します **D**

バリアントを使って、自動で画像が切り替わるカルーセルを作ります **B C D**

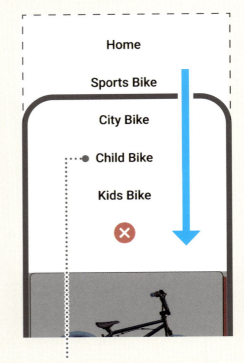

オートレイアウトでメニューリストを作り、上から下方向へ現れるオーバーレイを設定します **A D**

モバイルアプリ Figma を操作してプレビュー再生します **E**

他のユーザーとの間で Figma ファイルを共有します **F**

レッスンで学ぶこと

- **A** オートレイアウト
- **B** コンポーネント
- **C** バリアント
- **D** インタラクション
- **E** モバイルアプリ
- **F** 共有操作

LESSON 5
01 ハンバーガーメニュー

ハンバーガーアイコンをタップすると、オーバーレイで表示されるメニューリストを作ります。

01 新規フレームの追加

サンプル 5-01-01.fig

メニューページを作るために、新しいフレームを作成します。

1 LESSON 4に引き続き、「Bicycle shop」ファイルを開いて操作します。「Bike Detail」フレームの右横の余白を表示し❶、[♯ フレームツール]を選択します❷。[デザイン]パネルを選択し❸、[フレーム]の[スマホ]のリストから、「iPhone 16」を選択します❹。

2 「iPhone 16 - 1」の名前が付いた「393 × 852」のフレームが表示されます。フレームをドラッグして❶、他のフレームと上端を揃えます❷。

3 「iPhone 16 - 1」フレームが選択された状態で、[レイアウトグリッド]の[∷]をクリックします❶。[グリッドスタイル]パネルが表示されたら、「4列+8px」を選択します❷。

4. 「iPhone 16 - 1」フレームに、4列のレイアウトグリッドが表示されます❶。フレームを選択した状態で ⌘/Ctrl + R キーを押してレイヤー名を選択し❷、以下の名前に変更します❸。

フレーム名	Menu

02 複数のテキストボックスの作成

テキストボックスを作成し、メニューリストの最初のテキストである「Home」を入力します。

1. [T テキストツール] を選択し❶、レイアウトグリッドの1列目から4列目までをドラッグして、テキストボックスを作成し❷、以下の文字を入力します❸。

入力文字	Home

> **Notes**
> 入力したテキストの書式設定は、操作時の状況によって異なります。図とは異なる場合もありますが問題ありません。

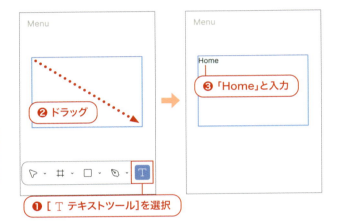

2. テキストボックスを選択し❶、[タイポグラフィー] を以下のように設定します。

フォント	❷ Roboto
ウェイト	❸ Medium
フォントサイズ	❹ 24
配置	❺ テキスト中央揃え
上下の位置	❻ 中央揃え

3. テキストボックスが選択された状態で、[位置] と [レイアウト] を以下のように設定します。

X	❶ 16	Y	❷ 96
W	❸ 360	H	❹ 48

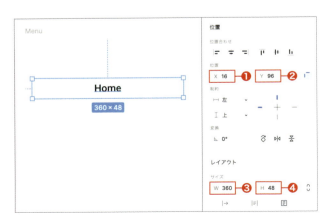

03 オートレイアウトのメニューリスト

オートレイアウトで複数のテキストを整列させて、メニューリストを作成します。

1. テキストボックスが選択された状態で、⌘/Ctrl + D キーを押します❶。テキストボックスが複製されて重なった状態になります。その状態で［位置］の［Y］の数値（96）の後ろに「+70」を入力して❷、Return/Enter キーを押します❸。

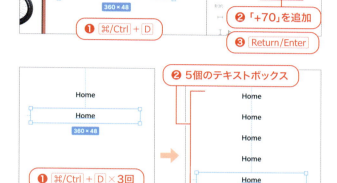

2. 下へ移動したテキストボックスが選択された状態で ⌘/Ctrl + D キーを3回押して、3個のテキストボックスを作成し❶、合計5個にします❷。

3. 本書用のデータ「Lesson5」＞「5-01」＞「txt」フォルダの「copy5.txt」を、テキストエディタで開きます❶。

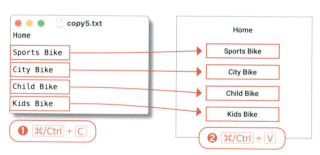

4. テキストが表示されたら、2行目から1行ずつ ⌘/Ctrl + C キーを押して［コピー］し❶、2番目のテキストボックスのテキストから順番に選択して、⌘/Ctrl + V キーで［ペースト］していきます❷。

5. 「Bike Detail」フレームから「Close」インスタンスを選択して❶、Option/Alt キーを押しながら、「Menu」フレームの一番下にドラッグして複製します❷。

6　5個のテキストボックスと「Close」インスタンスを選択します❶。Shift + A キーを押して、[オートレイアウトを追加]を実行します❷。

7　オートレイアウトのフレームが選択された状態で、[オートレイアウト]を以下のように設定します。

方向	❶ ↓ 縦に並べる
配置	❷ 上揃え（中央）
上下の間隔	❸ 24
水平パディング	❹ 0
垂直パディング	❺ 0

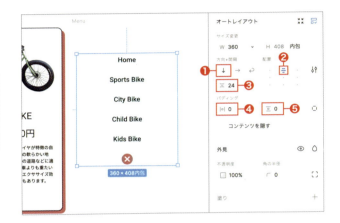

8　フレームが選択された状態で ⌘/Ctrl + R キーを押してレイヤー名を選択し❶、以下の名前に変更します❷。

レイヤー名	Menu Frame

9　「Menu」フレームを選択します❶。[レイアウト]で以下のように設定し、フレームの高さを低くします❷。

H	560

04 メニュー表示のインタラクション設定　サンプル 5-01-04.fig

ハンバーガーアイコンをタップすると、メニュー画面が上からスライドして表示されるインタラクションを設定します。

1. ［プロトタイプ］パネルを選択し❶、「Section 1」セクションの「Hamburger」フレームを選択します❷。境界線に表示された ⊕ から、「Menu」フレームまでドラッグします❸。

> **Notes**
> 「Hamburger」フレームがキャンバス上の操作で選択しにくいときは、拡大表示するか、［レイヤー］で選択してください。

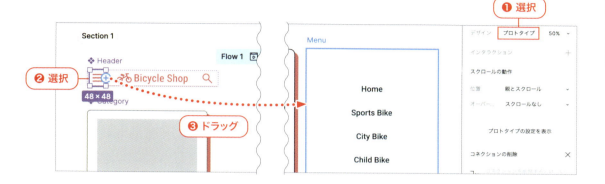

2. 「Hamburger」フレームと「Menu」フレームが、コネクションで結ばれます。［インタラクション］パネルが表示されたら、以下のように設定します。

トリガー	❶ ✦ タップ時
アクション	❷ オーバーレイを開く
オーバーレイ	❸ Menu
位置	❹ 中央上
外部をクリックしたときに閉じる	❺ チェック
背景	❻ チェック
背景色	❼ 000000
不透明度	❽ 50%
アニメーション	❾ ムーブイン
方向	❿ ↓
曲線	⓫ イーズイン
所要時間	⓬ 300ms

> **Tech**
> ［アニメーション］の［ムーブイン］と［曲線］の［イーズイン］については、145 ページの「Check!」を参照してください。

> **Tech**
> ［所要時間］は、「ms（ミリセカンド）」の単位で指定します。「1ms」は「0.001 秒」のため、作例では「300ms × 0.001 秒＝0.3 秒」を要して上から下へオーバーレイ表示します。

LESSON 5　ハンバーガーメニューとカルーセル

③ 「Menu Frame」オートレイアウト内の
「Close」インスタンスを選択します❶。[プ
ロトタイプ]パネルの[インタラクション]
の[-]をクリックします❷。

> 📖 **Notes**
> 「Bike Detail」フレームからコピーして作
> 成した「Close」インスタンスのインタラ
> クションは「Bike Detail」フレーム用のた
> め、ここでは削除しています。

④ [インタラクション]の[+]をクリック
します❶。[インタラクション]パネルが表
示されたら、以下のように設定します。

トリガー	❷ ☼ タップ時
アクション	❸ ☒ オーバーレイを閉じる

05 メニューからページ移動のインタラクション設定

ハンバーガーメニューの「Home」をタップすると、「Home」フレームが表示されるインタラクションを設定します。

① 「Menu Frame」フレームの「Home」テキ
ストボックスを、⌘/Ctrlキーを押しながら
クリックして選択します❶。境界線に表示
された ⊕ から、「Home」フレームまでド
ラッグします❷。

② 「Home」テキストボックスと「Home」フレー
ムが、コネクションで結ばれます。[インタ
ラクション]パネルが表示されたら、以下
のように設定します。

トリガー	❶ ☼ タップ時
アクション	❷ → 次に移動
移動先	❸ Home
アニメーション	❹ 即時

144

3. 「Menu Frame」フレーム内の「Sports Bike」テキストボックスを選択します❶。境界線に表示された ⊕ から、「Sports Bike」フレームへドラッグします❷。

✅ Check! アニメーション効果

異なる画面へ切り替えるときのアニメーション効果は、[インタラクション] パネルの [アニメーション] で設定できます。
[アニメーション] をアニメーション効果のない [即時] 以外に設定すると、[曲線] （イージングカーブ）の設定が現れて、画面切り替え時のスピードの緩急を設定できます。

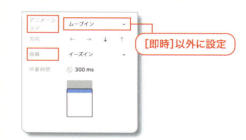

[アニメーション] の設定一覧

即時	A → B	アニメーションなしで、次の画面へ変わる
ディゾルブ	A → A → B	最初の画面が徐々に消えて、次の画面が徐々に現れる
スマートアニメート	● ● ● ●	最初の画面と次の画面の間を自動で生成してアニメーションにする
ムーブイン	A → B A → B	最初の画面はそのままで、次の画面が重なるようにスライドする
ムーブアウト	A → B A → B	最初の画面がスライドし、次の画面は移動しないで表示される
プッシュ	A → B A → B	次の画面がスライドし、最初の画面を外へ押し出して表示される
スライドイン	A → B A → B	最初の画面が外に動きながら、次の画面が重なるようにスライドする
スライドアウト	A → B A → B	最初の画面が外に動きながら、次の画面がその背面でスライドする

[曲線] の設定一覧

リニア	同じ速度で動く
イーズイン	徐々に加速する
イーズアウト	通常の速度ののち、徐々に減速する
イーズイン／イーズアウト	徐々に加速したのち、徐々に減速する
イーズインバック	スタートで逆方向に動いたあと、ゴールに向けて加速する
イーズアウトバック	ゴールを越えて、あと戻りして終える
イーズイン／イーズアウトバック	スタートで逆方向に動いたあと、ゴールを越えて、あと戻りして終える

カスタムベジェ	イージングカーブを手動で編集して、速度を調整する
なめらか	通常の速度で動き、ゴールで小さくバウンドして終える
速い	速く動き、ゴールで小さくバウンドして終える
バウンス	ゴールで大きくバウンドして終える
遅い	遅く動き、ゴールで小さくバウンドして終える
カスタムスプリング	イージングカーブを手動で編集して、速度やゴールでのバウンドを調整する

4 「Sports Bike」テキストボックスと「Sports Bike」フレームが、コネクションで結ばれます。[インタラクション] パネルが表示されたら、以下のように設定します。

トリガー	❶ タップ時
アクション	❷ → 次に移動
移動先	❸ Sports Bike
トランジション	❹ 即時

> **Notes**
> メニューの「City Bike」「Child Bike」「Kids Bike」に対応したページは作成していないため、ここではインタラクションを設定しません。

06 ハンバーガーメニューのプレビュー再生   サンプル 5-01-06.fig

プレビュー再生し、ハンバーガーアイコンによるメニュー表示をテストします。

1 キャンバス上の余白をクリックして、すべての選択を解除します❶。右パネルの [▷] をクリックします❷。

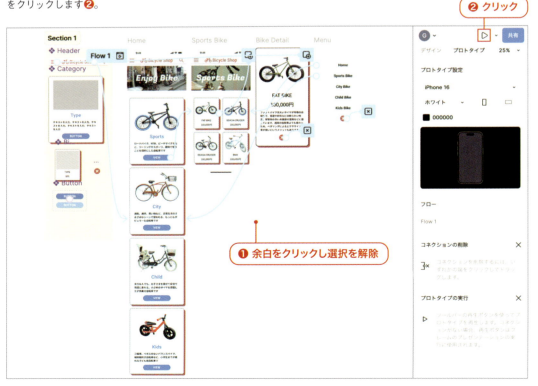

146

2. プレビュー再生用のタブに「Home」フレームがプレビュー再生されます。ハンバーガーアイコンをクリックすると❶、メニューのウィンドウが上から降りてきてオーバーレイ表示されます❷。

3. メニューから「Sports Bike」をクリックすると❶、「Sports Bike」のページが表示されます❷。「Sports Bike」のハンバーガーアイコンをクリックします❸。

> **Notes**
> メニューから「Home」をクリックすると、「Home」のページが表示されます。

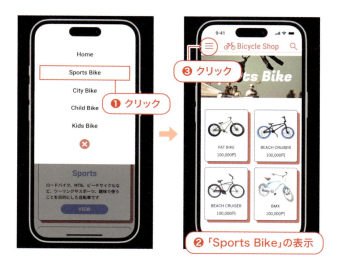

4. 再度、メニューが表示されたら、❌ をクリック❶、もしくは、オーバーレイの外側をクリックします❷。メニューが上へ移動して消えます❸。テストを終えたら、プレビュー再生用のタブを閉じます。

LESSON 5
02 カルーセルの作成

待機時間ののちに、画像が横にスライドして別の画像に切り替わるカルーセルを作成します。

01 画像フレームの移動

サンプル 5-02-01.fig

2個の画像を横につなげて、1個のコンポーネントを作成します。

1. 前のページから続けて操作しているときは、[デザイン] パネルを選択します❶。

2. 「Section 1」セクションを選択し❶、左側の境界線をドラッグして❷、セクションの幅を以下の大きさにします❸。

W	1400

Notes
正確に「1400」の幅でなくても、おおよその大きさを維持できれば大丈夫です。

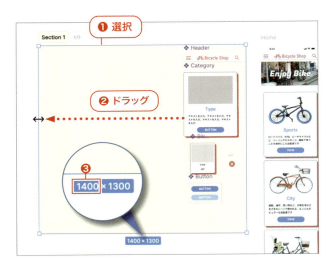

3. 「Home」フレームの画像「bike_shop 1」を選択し❶、「Section 1」セクションの左端へドラッグして❷、画像を移動します❸。

Notes
ここでは画像のみをドラッグします。画像の上のテキスト「Enjoy Bike」は移動しません。白色のテキストのため、画像を移動するとテキストが見えなくなります。

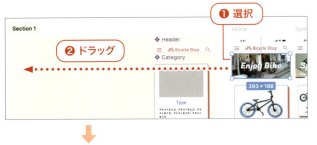

4. 「Sports Bike」フレームの画像「bike_image」を選択し❶、⌘/Ctrl + Dキーを押して［複製］を実行します❷。複製した画像を「Section 1」セクションへドラッグして、先の画像の右側へ移動します❸。

> **Notes**
> 画像「bike_image」は移動だけではなく、複製したのち移動します。

5. 2個の画像を選択します❶。［デザイン］パネルの［❖］をクリックします❷。

6. コンポーネントのフレームが選択された状態で⌘/Ctrl + Rキーを押してレイヤー名を選択し❶、以下の名前に変更します❷。

レイヤー名	Carousel

02 表示する箇所が異なるバリアント

バリアントごとに異なる箇所を表示させるため、フレームの大きさを変更します。

1. 「Carousel」コンポーネントを選択します❶。［デザイン］パネルの［◇］をクリックします❷。コンポーネントの下にバリアントが追加されて、紫色の点線で囲まれたコンポーネントセットができます❸。

② 上段のバリアントを選択します❶。⌘/Ctrl キーを押しながら、バリアントのフレームの境界線の右端を左方向へドラッグします❷。左の画像と同じ幅になるまで、境界線を縮小します❸。

> 🔑 **Tech**
> フレームの大きさを変えるには、⌘/Ctrl キーを押しながら境界線をドラッグします（33 ページの手順⑦を参照）。

③ 上段のバリアントが選択されている状態で、[レイアウト]の[コンテンツを隠す]にチェックを入れます❶。境界線の外側にある右側の画像が非表示になります❷。

> 🔑 **Tech**
> [コンテンツを隠す]は、フレームからはみ出した内容を非表示にする設定です。

④ 下段のバリアントを選択します❶。⌘/Ctrl キーを押しながら、バリアントのフレームの境界線の左端を右方向へドラッグします❷。フレームを縮小し、右側の画像と同じ幅になるまで境界線を縮小します❸。

5 下段のバリアントが選択されている状態で、[レイアウト]の[コンテンツを隠す]にチェックを入れます❶。境界線の外側にある左側の画像が非表示になります❷。

6 「Carousel」コンポーネントセットの紫色の点線を選択します❶。[プロパティ]の[プロパティ1]の[ ]をクリックします❷。[バリアントプロパティの編集]パネルが表示されたら、[名前]に以下の文字を入力します❸。

| 名前 | slide-image |

🔑 **Tech**
コンポーネントセットをインタラクションで操作するためには、「プロパティ名」の設定が必要です。

7 上段のバリアントを選択します❶。[現在のバリアント]の「slide-image」の入力欄に以下の文字を入力します❷。

| slide-image | image1 |

🔑 **Tech**
コンポーネントセットに設定した「プロパティ」に対して、バリアントごとに異なる「値」を設定すると、その「値」を呼び名にして、コンポーネントの見た目を変える操作が可能になります（121ページの「Check!」を参照）。

8 下段のバリアントを選択します❶。[現在のバリアント]の「slide-image」の入力欄に以下の文字を入力します❷。

| slide-image | image2 |

151

03 カルーセルのインタラクション設定

サンプル 5-02-03.fig

2個の画像が切り替わるインタラクションを設定します。

1. ［プロトタイプ］パネルを選択します❶。上段のバリアントを選択します❷。境界線に表示された ⊕ から、下段のバリアントまでドラッグします❸。

2. 上段と下段のバリアントが、コネクションで結ばれます。［インタラクション］パネルが表示されたら、以下のように設定します。

トリガー	❶ アフターディレイ
遅延	❷ 3000 ms
アクション	❸ 次に変更
slide-image	❹ image2
アニメーション	❺ スマートアニメート
曲線	❻ イーズイン
所要時間	❼ 300 ms

🔑 **Tech**
［曲線］の［イーズイン］については 145 ページの「Check!」を参照してください。

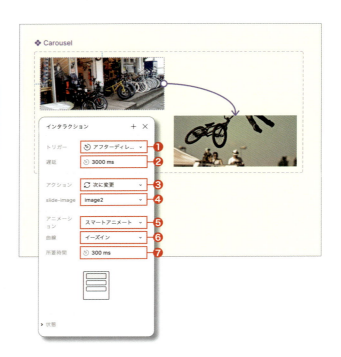

✓ Check! アフターディレイとスマートアニメート

［トリガー］の［アフターディレイ］の設定では、［遅延］で設定した時間の後に次のアクションが行われます。作例では［遅延］に「3000ms」を指定していて、これは3秒間（3000ms × 0.001秒）の待機時間になります。

［アニメーション］の［スマートアニメート］は、移動前と移動後の画面を比較して、その中間のアニメーションを自動で生成する設定です。横方向に異なるバリアントを置くことで、横に流れるアニメーションになります。

スマートアニメートによるアニメーション

中間のアニメーション

3 下段のバリアントを選択します❶。境界線に表示された ⊕ から、上段のバリアントへドラッグします❷。

4 下段と上段のバリアントが、コネクションで結ばれます。[インタラクション]パネルが表示されたら、以下のように設定します。

トリガー	❶ アフターディレイ
遅延	❷ 3000 ms
アクション	❸ 次に変更
slide-image	❹ image1
アニメーション	❺ スマートアニメート
曲線	❻ イーズイン
所要時間	❼ 300 ms

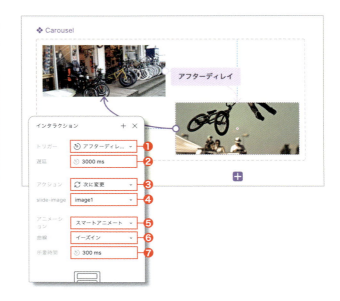

5 [アセット]パネルを選択して❶、[このファイル内で作成]を選択します❷。

6 コンポーネントのリストの中から「Carousel」コンポーネントを選択し、「Home」フレームの画像を移動してできた空きスペースにドラッグ&ドロップして、インスタンスを配置します❶。

7 「Carousel」インスタンスが選択された状態で、[デザイン]パネルを選択します❶。[位置]を以下のように設定します。

| X | ❷ 0 | Y | ❸ 120 |

8 「Carousel」インスタンスが選択された状態で [[ ] キーを押して、[最背面へ移動] を実行します❶。「Carousel」インスタンスが背面へ移動し、「Enjoy Bike」のテキストが現れます❷。

> 💡 **Tips**
> [[ ] キーは、⌘ メニュー → [オブジェクト] → [最背面へ移動] のショートカットです。その逆の動きとなる [最前面へ移動] のショートカットは [ ]] キーです。

04 カルーセルのプレビュー再生

サンプル 5-02-04.fig

プレビュー再生して、カルーセルの画像の動きをテストします。

1 キャンバス上の余白をクリックして、すべての選択を解除します❶。右パネルの [▷] をクリックします❷。

② プレビュー再生用のタブに「Home」フレームがプレビュー再生されます。トップの画像が、表示から3秒後に第2の画像に切り替わります❶。さらに3秒後に前の画像に戻り、以降、これらの動作を繰り返します。

> **Notes**
> インタラクションの設定で［遅延］を「3000ms」に設定したため、「3秒」停止したのち、画像が切り替わります。

❶ 3秒後に画像の切り替え

05 インジケータのコンポーネント　　サンプル 5-02-05.fig

カルーセルの下に、小さな円を並べたインジケータを作ります。

① ［○ 楕円ツール］を選択します❶。Shiftキーを押しながら「Section 1」セクションの余白をドラッグして、小さな円を作成します❷。

> **Notes**
> 円を作成する位置は、セクション上であればどこでもかまいません。

❷ Shift ＋ドラッグ

❶ ［○ 楕円ツール］を選択

② 円が選択された状態で、［レイアウト］を以下のように設定します。

LESSON 5
ハンバーガーメニューとカルーセル

3. 200%以上に拡大表示します❶。円が選択された状態で[⌘/Ctrl]+[D]キーを押し、[複製]を実行します❷。複製されて重なった円を右方向へドラッグします❸。

> **Notes**
> 円と円の間隔は自由でかまいません。

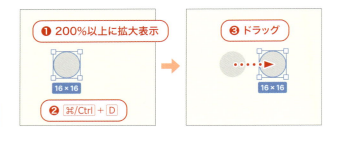

4. 1個目の円を選択します❶。[塗り]の[⋮⋮]をクリックします❷。[ライブラリ]パネルが表示されたら、以下のカラーバリアブルを選択します❸。

塗り色	Primary/Red

5. 2個の円を選択して❶、[Shift]+[A]キーを押し、[オートレイアウトを追加]を実行します❷。[オートレイアウト]を、以下のように設定します。

方向	❸ → 横に並べる
配置	❹ 左揃え
]'[左右の間隔	❺ 8
|o| 水平パディング	❻ 0
亘 垂直パディング	❼ 0

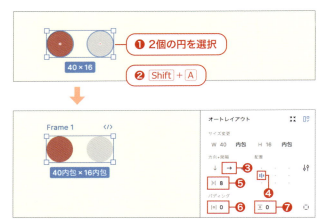

6. フレームが選択された状態で、[デザイン]パネルの[❋]をクリックします❶。

7. コンポーネントのフレームが選択された状態で[⌘/Ctrl]+[R]キーを押してレイヤー名を選択し❶、以下の名前に変更します❷。

レイヤー名	Indicator

156

06 インジケータのバリアント

赤い円の位置が切り替わるバリアントを作成します。

1. 「Indicator」コンポーネントが選択された状態で、[デザイン] パネルの [◆] をクリックします❶。

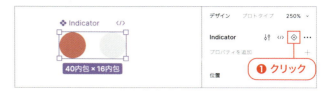

2. バリアントが追加されたら、コンポーネントセットの紫色の点線を選択します❶。[プロパティ] の「プロパティ1」の [⁀] をクリックします❷。[バリアントプロパティの編集] パネルが表示されたら、以下の [名前] に変更します❸。

| 名前 | indicator-mark |

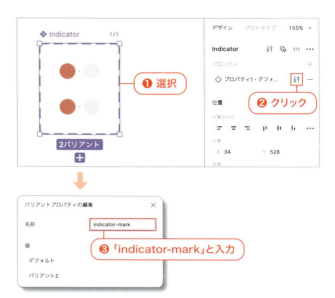

3. 上段のバリアントを選択します❶。[現在のバリアント] の「indicator-mark」に、以下の文字を入力します❷。

| indicator-mark | mark1 |

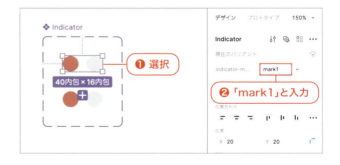

4. 下段のバリアントを選択します❶。[現在のバリアント] の「indicator-mark」に、以下の文字を入力します❷。

| indicator-mark | mark2 |

5. 下段のバリアントの赤色の円を選択し❶、右方向へドラッグします❷。左右の円が入れ替わります❸。

> **Notes**
> オートレイアウト内で水平に整列しているため、ドラッグすると円の位置が入れ替わります。

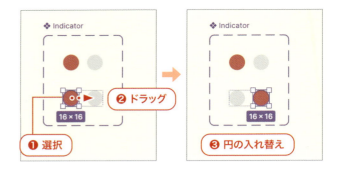

07 インジケータのインタラクション設定   サンプル 5-02-07.fig

赤い円の位置が繰り返し切り替わるインタクションを設定します。

1. ［プロトタイプ］パネルを選択します❶。上段のバリアントを選択します❷。境界線に表示された ⊕ から、下段のバリアントへドラッグします❸。

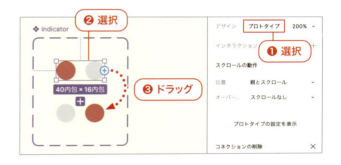

2. 上段と下段のバリアントが、コネクションで結ばれます。［インタラクション］パネルが表示されたら、以下のように設定します。

トリガー	❶ ◎ アフターディレイ
遅延	❷ 3000 ms
アクション	❸ ↻ 次に変更
indicator-mark	❹ mark2
アニメーション	❺ ディゾルブ
曲線	❻ リニア
所要時間	❼ 300 ms

> **Tech**
> ［アニメーション］の［ディゾルブ］と［曲線］の［リニア］については 145 ページの「Check!」を参照してください。

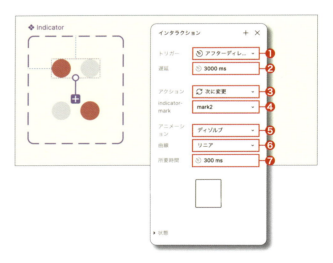

3. 下段のバリアントを選択します❶。境界線に表示された ⊕ から、上段のバリアントへドラッグします❷。

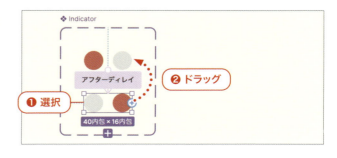

4 下段と上段のバリアントが、コネクションで結ばれます。[インタラクション] パネルが表示されたら、以下のように設定します。

トリガー	❶ ⏱ アフターディレイ
遅延	❷ 3000 ms
アクション	❸ 🔄 次に変更
indicator-mark	❹ mark1
アニメーション	❺ ディゾルブ
曲線	❻ リニア
所要時間	❼ 300 ms

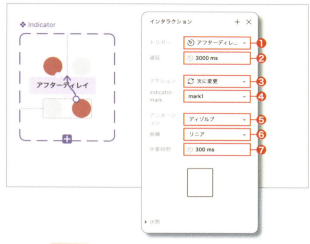

5 [アセット] パネルを選択して❶、[このファイル内で作成] を選択します❷。

6 コンポーネントのリストの中から「Indicator」コンポーネントを選択し、「Home」フレームの「Carousel」インスタンスの下にドラッグ＆ドロップして、「Indicator」インスタンスを配置します❶。

7 [デザイン] パネルを選択します❶。「Indicator」インスタンスが選択された状態で、[位置] を以下のように設定します。

X	❷ 176	Y	❸ 304

08 インジケータのプレビュー再生

サンプル 5-02-08.fig

プレビュー再生して、インジケータの動きをテストします。

1. キャンバス上の余白をクリックして、すべての選択を解除します❶。右パネルの［▷］をクリックします❷。

2. プレビュー再生用のタブに「Home」フレームがプレビュー再生されます。トップの画像が3秒後に別の画像に切り替わると同時に、インジケータの赤い円の位置が切り替わります❶。さらに3秒後に、赤い円の位置が切り替わります❷。この動作を繰り返します。

Notes
トップ画像とインジケータは、どちらもインタラクションの設定で［遅延］を「3000ms」に設定しているため、同時に切り替わります。

LESSON 5

03 アプリでプレビュー再生

モバイル用のFigmaアプリを使って、Figmaのファイルをスマホ上でプレビュー再生します。

01 スマホ用アプリのインストール

スマートフォンに、モバイルアプリの「Figma」をインストールします。

1. 使用しているスマホに、App Store（iPhone）や Google Play ストア（Android）から無料のモバイルアプリ「Figma」をインストールします❶。インストールしたら、タップして起動します❷。

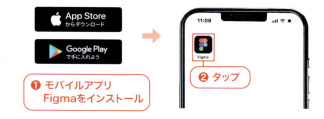

2. ログイン画面が表示されたら［Figmaにログイン］をタップします❶。Figmaで作成したファイルをモバイルアプリ側からアクセスすることへの警告が表示されたら、［続ける］をタップします❷。

3. ［Figmaにサインイン］の画面が表示されます。本書の作例に使っているPCのFigmaのアカウントを使って［ログイン］します❶。画面が切り替わったら、［Figmaにログイン］をタップします❷。Figmaのアカウントを利用することへの警告が表示されたら［続ける］をタップします❸。

02 スマホ用アプリでミラーリング

作例で完成した Figma のファイルを、モバイルアプリで表示します。

1. ファイルリストが表示されたら、右下にある［ミラーリング］をタップします❶。［ミラーリング］画面が表示されます❷。表示したまま、まだ操作はしません。

2. PC の Figma の画面に戻り、「Home」フレームを選択します❶。

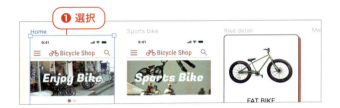

3. スマホに戻り、［ミラーリングを開始］をタップします❶。「Bicycle shop」の「Home」がプレビュー再生されます❷。

> **Notes**
> スマホ用のアプリでは、利用するスマホの画面の幅に合わせてプレビューされます。

> **Tech**
> ここでは、PC の Figma とスマホの Figma アプリをミラーリングします。PC 上で別のフレームを選択すると、スマホ上のプレビューも同時に切り替わり、スマホ上のプレビューをチェックしながら Figma を編集できます。

4. 2本指で長押しします❶。メニューが表示されたら、［ミラーリングを終了］を選択して、PC とのミラーリングを終了します❷。

LESSON 5

04 Figmaファイルの共有

制作したFigmaファイルを他のメンバーと共有して、コミュニケーションする方法を確認します。

01 制作側の共有設定

Figmaのファイルに、閲覧のみ可能な共有を設定します。

1 ファイルを開いた状態で、右パネルの[共有]をクリックします❶。共有設定のウィンドウが表示されたら、メールアドレスの入力欄にファイルを共有したいメンバーのメールアドレスを入力し❷、[招待]をクリックします❸。操作を終えたらウィンドウを閉じます。

> 🔑 **Tech**
> 招待すると相手先へ自動でメールが送られます。共有設定のウィンドウの右上にある[リンクをコピーする]をクリックすると、リンクのURLをコピーでき、自分でメールやメッセンジャーに貼り付けて案内することもできます。

2 [○ コメントツール]を選択して❶、キャンバス上のオブジェクトをクリックします❷。入力ウィンドウが表示されたら、コメントを入力します❸。[↑]をクリックします❹。

> 💡 **Tips**
> [○ コメントツール]を選択するショートカットは C キーです。

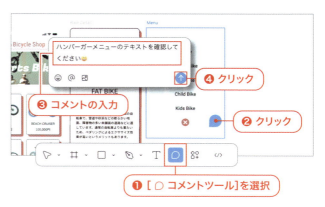

3 右パネルに、コメントが書き込まれます❶。

02　招待されたユーザーによる閲覧

招待先のユーザーは、ファイルを閲覧モードで開くことができます。どのような操作が可能か確認しましょう。

1. 招待されたユーザーは、ファイルブラウザの［🔔］をクリックして❶、表示されるパネルの［承諾］をクリックします❷。

2. 招待されたユーザーは、共有したファイルをFigmaで開くことができます。［コメント］パネルを選択すると❶、コメントを表示できます❷。［💬 コメントツール］でコメントできます❸。

   > **Tech**
   > 「閲覧モード」を「編集モード」にしたいときは、ツールバーの［編集を依頼］をクリックして、管理者に依頼します。

3. キャンバス上のオブジェクトを選択します❶。［プロパティ］パネルを選択すると❷、選択したオブジェクトのレイアウト情報などが表示されます❸。

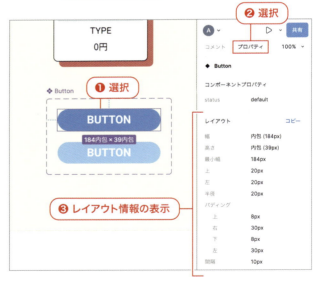

4. オブジェクトを選択すると、［プロパティ］パネルの［エクスポート］でファイルを書き出すことができます❶。

   > **Tech**
   > ［エクスポート］の操作方法は55ページを参照してください。

LESSON 6

レスポンシブな
Web デザイン

スマホ用の Web ページがデスクトップ PC 用
の大きさに変わる、レスポンシブ対応の Web
ページを作成します。便利なプロパティをマ
スターします。

LESSON 6 の内容

プロパティで、ハンバーガーアイコンを非表示にします D E

テキストプロパティで、グローバルナビゲーションのテキストを変更します D E

オートレイアウトと制約を使って、フレームの幅を拡大したとき、レスポンシブに変化するように設定します A B C F

レッスンで学ぶこと

- A フレーム操作
- B オートレイアウト
- C 制約
- D コンポーネント
- E プロパティ
- F レスポンシブ

LESSON 6

01 レスポンシブなフレームの拡大

スマホ用のサイズで作った「Home」画面を、レスポンシブに拡大縮小できるように変更します。

01 デスクトップPC用フレームの複製

サンプル 6-01-01.fig

スマホ用の「Home」フレームを、デスクトップPC用フレームとして利用するため複製します。

1 LESSON 5に引き続き、「Bicycle shop」ファイルを開いて操作します。「Home」フレームを選択し❶、⌘/Ctrl + D キーを押し、[複製]を実行します❷。右の余白に「Home」フレームが複製されます❸。

> 🔑 **Tech**
> フレームを[複製]すると、真上に作成されるのではなく、横に並べて複製が作られます。

2 複製したフレームが選択された状態で、⌘/Ctrl + R キーを押してレイヤー名を選択し❶、以下の名前に変更します❷。

| レイヤー名 | Home Desktop |

3 「Home Desktop」フレームの一番上にある「Status Bar」インスタンスと一番下にある「Home Indicator」インスタンスを選択し❶、Delete キーを押して削除します❷。

> 📖 **Notes**
> デスクトップPC用のWebページを作成するため、スマホ専用の「Status Bar」と「Home Indicator」を削除します。

4 Shift + R キーを押して❶、定規を表示します❷。定規と共に表示された「Header」の上のガイドラインを選択して❸、Delete キーを押して削除します❹。

> **Notes**
> デスクトップ PC 用のフレームを作るため、iPhone 用のセーフエリア（29 ページの「Check!」を参照）を示すガイドラインを削除します。

5 もう一度 Shift + R キーを押して❶、定規を非表示にします❷。「Home Desktop」フレームを選択します❸。[レイアウトグリッド]の「4 列 +8px」の［ー］をクリックして❹、レイアウトグリッドを削除します❺。

> **Notes**
> デスクトップ PC 用のフレームを作るため、iPhone 用のレイアウトグリッドを削除します。

02 フレームに合わせて子要素を拡大

「Home Desktop」フレームを拡大した際に、「Header」と「Carousel」の幅が広がるように設定します。

1 「Home Desktop」フレームを選択します❶。Shift + A キーを押して、[オートレイアウトを追加]を実行します❷。「Home Desktop」フレーム内の 4 つの要素が、均等間隔で整列します❸。

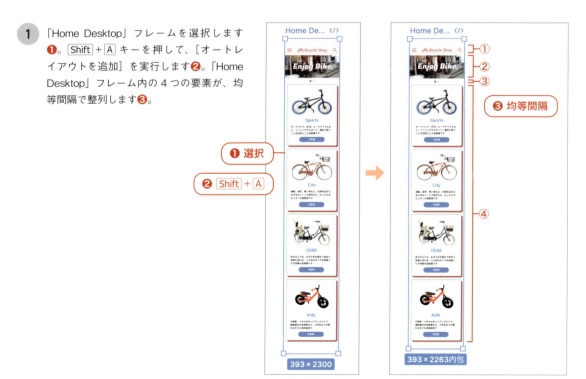

② 「Home Desktop」フレームが選択された状態で、[オートレイアウト]の[H]の∨をクリックし❶、以下を選択します❷。

H	I 高さを固定（2263）

底辺のラベルが「393 × 2263内包」から「393 × 2263」のサイズ表示になります❸。

Tech
縦に並べるオートレイアウトを設定すると、フレームの高さは[× コンテンツを内包]に設定され、フレーム内の子要素の大きさが変わるたびに親フレームの高さが変わります（110ページの「Check!」を参照）。設定を[× コンテンツを内包]から[I 高さを固定]に変更することで、フレームの大きさが子要素の拡大縮小に影響されなくなります。

❸ 固定した数値のサイズ表示

③ 「Header」インスタンスを選択します❶。[オートレイアウト]の[W]の∨をクリックし❷、以下が選択されていることを確認します❸。

W	↔ コンテナに合わせて拡大

Notes
「Home Desktop」フレームをオートレイアウト化すると、自動で[↔ コンテナに合わせて拡大]に変わります。

④ 「Carousel」インスタンスを選択します❶。[レイアウト]の[W]の∨をクリックして❷、以下が選択されていることを確認します❸。

W	↔ コンテナに合わせて拡大

Tech
オートレイアウトの「Home Desktop」フレームは、子要素の「Header」に[↔ コンテナに合わせて拡大]を設定でき、フレームを拡大すると、それに合わせて子要素も拡大します（110ページの「Check!」を参照）。

LESSON 6　レスポンシブなWebデザイン

5 「Home Desktop」フレームを選択します❶。境界線の右端を右方向へドラッグして幅を拡大すると❷、フレーム内の「Header」と「Carousel」インスタンスの幅が広がり❸、「Indicator」と「Categories」は中央を維持して移動します❹。「Enjoy Bike」テキストボックスは移動しません❺。

> **Notes**
> ここではフレームの幅を拡大して、レスポンシブな動きをテストし、デザインが崩れないことを確認しています。

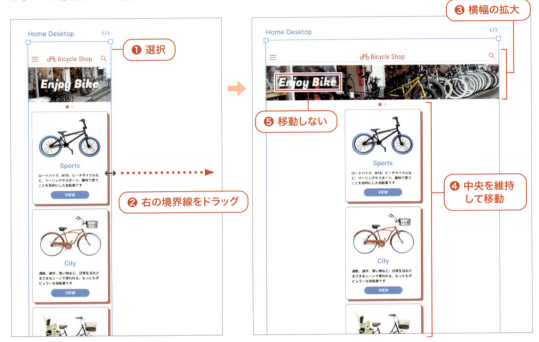

6 ⌘/Ctrl + Z キーを押して、[元にもどす]を実行します❶。「Home Desktop」フレームの幅が、以下に戻ります❷。

W	393

7 「Enjoy Bike」テキストボックスを選択し❶、[制約]を以下のように設定します❷。

制約の水平方向	中央

8 もう一度「Home Desktop」フレームを選択し❶、境界線の右端を右方向へドラッグして、フレームの幅を拡大します❷。今度は、「Enjoy Bike」テキストボックスが中央を維持して移動します❸。

> 🔑 **Tech**
> [制約の水平方向]を[中央]に設定すると、親フレームの幅を拡大したとき、子要素は幅の中央にとどまり続けます（67ページの「Check!」を参照）。

03 カード型デザインの折り返し

「Home Desktop」フレームを拡大した際に、カード型デザインの並びが縦から横に変わるように設定します。

1 「Home Desktop」フレームを選択し❶、[サイズ]を以下のように設定します❷。

| W | 800 |

2 [レイヤー]で「Categories」を選択します❶。キャンバス上で「Categories」オートレイアウトのフレームが選択されます❷。

> 🔑 **Tech**
> キャンバス上でオブジェクト同士が接近している箇所では、[レイヤー]でレイヤー名を選択するのが効率的です。

3 [オートレイアウト]の[W]の∨をクリックして❶、以下を選択します❷。

| W | ↔ コンテナに合わせて拡大 |

「Categories」オートレイアウトのフレームが、「Home Desktop」フレームの幅いっぱいに広がります。それと共に、カード型デザインの「Category」インスタンスの幅も広がり、形が崩れます❸。

> 📖 **Notes**
> 「Home Desktop」フレームの拡大縮小に合わせて、「Categories」オートレイアウトのフレームが大きさを変える設定です。

4. [レイヤー]で「Categories」オートレイアウト内の4個の「Category」レイヤーを選択します❶。

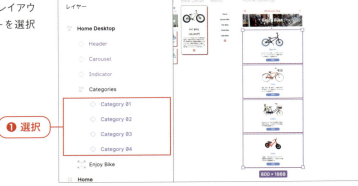

5. [オートレイアウト]の[W]の ∨ をクリックして❶、以下を選択します❷。

| W | ⤫ コンテンツを内包 |

「Category」インスタンスの幅が元に戻り❸、オートレイアウトの左端に移動します❹。

> **Notes**
> 「Categories」オートレイアウトを作成した際に（76ページ）、子要素の「Category」インスタンスの幅が、[⤫ コンテンツを内包]から[↔ コンテナに合わせて拡大]へ自動で変換されます。その結果、「Categories」オートレイアウトのフレームを広げると、カード型デザインの「Category」インスタンスの幅が広がることになりました。ここでは「Category」インスタンスが幅を広げないように、[⤫ コンテンツを内包]に戻しています。

6. 「Categories」フレームを選択し❶、オートレイアウト]を以下のように設定します。

方向	❷ ⤶ 折り返す
配置	❸ 上揃え（中央）
]┃[左右の間隔	❹ 24
|o| 水平パディング	❺ 0
工 垂直パディング	❻ 0

4個のカード型デザインが、縦方向から横方向に折り返す並び方に変わります❼。

04 最小幅と最大幅の設定

「Home Desktop」フレームを拡大縮小するとき、子要素がどこまで拡大縮小するかを設定します。

1 「Header」と「Carousel」インスタンスの2つを選択します❶。[レイアウト] の [W] の ∨ をクリックし❷、[最小幅を追加] を選択します❸。[W] の下に [⇥⇤ 最小幅] の入力欄が表示されたら、以下のように入力します❹。

⇥⇤ 最小幅	393

> **Tech**
> [⇥⇤ 最小幅] を設定すると、フレームの幅を設定値以下に縮小できなくなります。

2 「Header」と「Carousel」インスタンスが選択された状態で、もう一度 [レイアウト] の [W] の ∨ をクリックし❶、[最大幅を追加] を選択します❷。[W] の下に [↔ 最大幅] の入力欄が表示されたら、以下のように入力します❸。

↔ 最大幅	1128

> **Tech**
> [↔ 最大幅] を設定すると、フレームの幅を設定値以上に拡大できなくなります。

3 数値を確定すると、キャンバス上に [最小幅] を示す線❶、[最大幅] を示す線❷が表示されます。[W] の表示は [|W|] になります❸。

LESSON 6 レスポンシブなWebデザイン

173

4 「Categories」フレームを選択します❶。[オートレイアウト]の[W]の∨をクリックして❷、[最大幅を追加]を選択します❸。[W]の下に[最大幅]の入力欄が表示されたら、以下のように入力します❹。

↦ 最大幅	1136

> 📖 **Notes**
> 「Categories」フレームの[最大幅]は、手順②で、「Header」と「Carousel」インスタンスに設定した数値「1128」よりも若干大きくなるように設定しています。これは、カード型デザインにドロップシャドウの設定があり、横幅が大きいためです。

5 「Home Desktop」フレームを選択し❶、フレームの右端を右方向へドラッグして、幅を広げます❷。「Header」「Carousel」「Categories」フレームの幅が広がり、それぞれの最大幅で拡大を停止します❸。

05 レスポンシブのプレビュー再生 　　　サンプル 6-01-05.fig

プレビュー再生し、レスポンシブな動きをテストします。

1 「Home Desktop」フレームが選択された状態で、[オートレイアウト]の幅を以下のように設定して元の状態に戻します❶。

W	393

174

2. すべての選択を解除します❶。[プロトタイプ]パネルを選択して❷、[デバイス]を以下のように設定します❸。

| デバイス | デバイスがありません |

3. 「Home Desktop」フレームを選択します❶。右パネルの[▷]をクリックします❷。

4. デバイスのフレームを付けずに「Home Desktop」フレームがプレビュー再生されます。上部にポインタを移動して表示される[↕]をクリックします❶。メニューが表示されたら、[▦ レスポンシブ]を選択します❷。

5. 「Home Desktop」フレームが、画面いっぱいに拡大して表示されます。ウィンドウの右端をドラッグして幅を縮小すると❶、各アイテムが縮小したり、並び方を変えたりして、レスポンシブな動きをテストできます❷。

🔑 **Tech**

デスクトップアプリの Figma によるプレビュー再生を、Web ブラウザで行いたいときは、ファイル名のタブを右クリック→[リンクをコピー]で URL をコピーします。

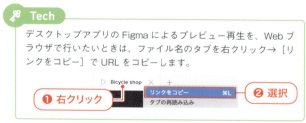

LESSON 6 レスポンシブな Web デザイン

プロパティによるデザイン変更

LESSON 6 / 02

プロパティを使って、スマホ用のヘッダをデスクトップPC用に切り替えます。

01 デスクトップPC用のレイアウトグリッド　サンプル 6-02-01.fig

デスクトップPC用に、列のレイアウトグリッドを設定します。

1　「Home Desktop」フレームを選択します❶。[オートレイアウト]の幅を以下のように設定します❷。

W	1280

2　[レイアウトグリッド]の[＋]をクリックします❶。赤い格子状のレイアウトグリッドが表示されたら、「グリッド10px」の[⊞]をクリックします❷。レイアウトグリッドの設定パネルが表示されたら、以下のように設定します。

種類	❸ 列
数	❹ 12
色・不透明度	❺ 00FFFF　10%
タイプ	❻ 中央揃え
幅	❼ 72
ガター	❽ 24

3　フレームに、12列のレイアウトグリッドが表示されます❶。

> 📖 **Notes**
> 12列の幅は、[幅]72px×12列と[ガター]24px×11個の合計で、「1128px」となります。この数値は、「Header」と「Carousel」インスタンスに設定した[最大幅]の数値と同じです（173ページを参照）。また、1個のカード型デザインが4列分のため、横方向に最大3個のカード型デザインを並べられます。

02 プロパティによるアイコンの表示・非表示

ハンバーガーアイコンにプロパティを設定し、非表示にします。

1. 「Section 1」セクションの「Header」コンポーネントを選択し❶、ドラッグしてセクション内の余白へ移動します❷。

   > **Notes**
   > 「Header」コンポーネントを編集しやすくするため、余白の多い場所へ移動します。

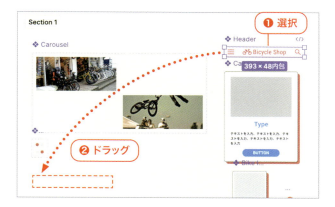

2. 「Hamburger」フレームを選択して❶、[外見]の[◈]をクリックします❷。

   > **Tech**
   > コンポーネント内のフレームを選択すると、[外見]にバリアブルまたはプロパティを設定する[◈]が表示されます。

3. 設定パネルが表示されたら[+]をクリックします❶。[プロパティまたはバリアブルの作成]パネルが表示されたら、[名前]に以下の文字を入力します❷。

名前	visible-hamburger

   [プロパティを作成]をクリックします❸。

4. 「Hamburger」フレームが選択された状態で、[外見]に「visible-hamburger」のプロパティが表示されます❶。

5. 「Home」フレームに移動して、「Header」インスタンスを選択します❶。[ローカルインスタンス]の「visible-hamburger」に、青色のスライドボタンが表示されます❷。

6 「Home Desktop」フレームの「Header」インスタンスを選択します❶。「Header」の「visible-hamburger」にある、青色のスライドボタンをクリックします❷。

7 「visible-hamburger」のスライドボタンがグレーアウトになり❶、「Header」インスタンスから「Hamburger」フレームが消えます❷。

> **Notes**
> 「Header」コンポーネントは、オートレイアウトの [ ]、[左右の間隔] が [自動] のため、「Hamburger」フレームが消えたのち、残る2個の要素が左右に広がります。

✓ Check!　表示・非表示を切り替えるプロパティ

コンポーネントの子要素（フレームやインスタンス）には、プロパティを設定できます。設定したコンポーネントからインスタンスを作ると、[デザイン] パネルに子要素のプロパティのスライドボタンが表示され、クリックするだけで子要素の表示・非表示を切り替えられます。インスタンス内のオブジェクトを削除することなく、必要に応じて表示・非表示を切り替えられるので便利です。
スライドボタンが青色の状態が「true（真）」、グレーアウトの状態が「false（偽）」を示していて、「false」のとき非表示になります。true と false の二者択一式（ブーリアン型）で表示・非表示を切り替える方法は、コーディングでもよく使われていて、コーダーが理解しやすい仕組みとなります。

[デザイン] パネルのプロパティ

子要素の
スライドボタン

178

03 ページリンクのコンポーネント

デスクトップPC用のヘッダに表示するグローバルナビゲーションのために、ページリンクを作成します。

1 ［T テキストツール］を選択します❶。「Section 1」セクションの「Header」コンポーネントの下をクリックして❷、以下の文字を入力します❸。

入力文字	Link

2 テキストボックスを選択し❶、［タイポグラフィー］を以下のように設定します。

フォント	❷ Roboto
ウェイト	❸ Medium
フォントサイズ	❹ 24

3 テキストボックスが選択された状態で、［塗り］の［ :: ］をクリックします❶。［ライブラリ］パネルが表示されたら、以下のカラーバリアブルを選択します❷。

塗りの色	Primary/Red

4 Shift + A キーを押して、［オートレイアウトを追加］を実行します❶。［オートレイアウト］を以下のように設定します。

配置	❷ 上揃え（左）
◨ 水平パディング	❸ 0
◫ 垂直パディング	❹ 0

> **Tech**
> ［オートレイアウト］の［W］と［H］は自動で［コンテンツを内包］になります。［コンテンツを内包］に設定することで、テキスト変更時に、文字数に合わせてフレームが伸び縮みします。

5 オートレイアウトのフレームが選択された状態で、［デザイン］パネルの［ ❀ ］をクリックします❶。

179

6. 作成されたコンポーネントが選択された状態で ⌘/Ctrl + R キーを押してレイヤー名を選択し❶、以下の名前に変更します❷。

レイヤー名	Page Link

04 テキストプロパティの設定

コンポーネントにテキストプロパティを追加します。

1. [レイヤー]の「Page Link」コンポーネントの > を展開し❶、「Link」テキストボックスを選択します❷。

2. [テキスト]の[⊙]をクリックします❶。設定パネルが表示されたら[+]をクリックします❷。[プロパティまたはバリアブルの作成]パネルが表示されたら、[名前]に以下の文字を入力します❸。

名前	text

[プロパティを作成]をクリックします❹。

3. [テキスト]に、プロパティ名が表示されます❶。

05 テキストプロパティによるテキスト変更

ページリンクのインスタンスを作成し、テキストを変更します。

1. [レイヤー]で、「Page Link」コンポーネントを選択します❶。

180

2. ⌘/Ctrl + D キーを押して［複製］を実行します❶。「Page Link」コンポーネントの上に重なってインスタンスが作られます。

3. インスタンスが選択された状態で、［位置］の［X］の数値（右図の「114」はユーザーの操作によって異なります）の後ろに「+100」と入力して❶、Return/Enter キーを押します❷。

4. インスタンスが右方向に「100」移動します❶。⌘/Ctrl + D キーを3回押して［複製］を3回実行し❷、3個のインスタンスを作成します❸。

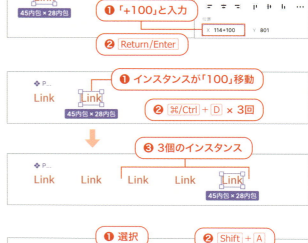

5. 4個のインスタンスを選択し❶、Shift + A キーを押して、［オートレイアウトを追加］を実行します❷。

6. ［オートレイアウト］を、以下のように設定します。

方向	❶ → 横に並べる
配置	❷ 上揃え（左）
]¦[左右の間隔	❸ 40
|o| 水平パディング	❹ 0
亘 垂直パディング	❺ 0

7. オートレイアウト内の左端の「Page Link」インスタンスを選択します❶。［ローカルインスタンス］の「text」に、以下の文字を入力します。

text	❷ Sports

Return/Enter キーを押すと❸、インスタンスのテキストが「Link」から「Sports」に替わります❹。

LESSON 6　レスポンシブなWebデザイン

181

8 同じ操作を続けます。残る3個の「Page Link」インスタンスを1つずつ選択し、[ローカルインスタンス]の「text」に以下の文字を入力します。

text ②	❶ City
text ③	❷ Child
text ④	❸ Kids

✓ Check! テキストプロパティ

コンポーネント内のテキストボックスにテキストプロパティを設定すると、コンポーネントから作られたインスタンスのテキストをプロパティの[値]として入力できるようになります。テキスト入力が不要な、汎用性のあるコンポーネントになり、ボタンの作成時にはとくに有効です（192ページを参照）。

06 グローバルナビゲーションの挿入

4個のインスタンスで作られたグローバルナビゲーションをヘッダに配置します。

1 オートレイアウトのフレームを選択します❶。⌘/Ctrl + R キーを押してレイヤー名を選択し❷、以下の名前に変更します❸。

レイヤー名	Global Navi

2 「Header」コンポーネントを選択し❶、フレームの右端を右方向へドラッグして、フレームの幅を広げます❷。

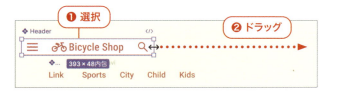

3 「Global Navi」オートレイアウトのフレームを選択し❶、「Header」コンポーネントの「Bicycle Shop」の右の余白へドラッグします❷。

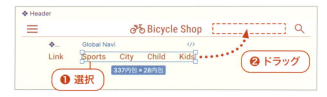

182

07 プロパティによるナビゲーションの表示・非表示

グローバルナビゲーションにプロパティを設定し、表示・非表示をコントロールします。

1. 移動した「Global Navi」フレームが選択された状態で❶、[外見]の[⇆]をクリックします❷。

2. 設定パネルが表示されたら[+]をクリックします❶。[プロパティまたはバリアブルの作成]パネルが表示されたら、[名前]に以下の文字を入力します❷。

| 名前 | visible-navi |

[プロパティを作成]をクリックします❸。

08 マッチングレイヤーの選択と編集

複数配置したヘッダのインスタンスを選択し、変更します。

1. 「Home」フレームの「Header」インスタンスを選択します❶。「Header」コンポーネントの幅を広げたため、「Header」インスタンスが「Home」フレームから大きくはみ出しています❷。[デザイン]パネルの[▦]をクリックし、[マッチングレイヤーを選択]を実行します❸。残り2個の「Header」インスタンスが、追加で選択されます❹。

> **Tips**
> [▦ マッチングレイヤーを選択]のショートカットは Option/Alt + ⌘/Ctrl + A キーです。

② 「Home Desktop」の「Header」インスタンスを Shift キーを押しながらクリックして❶、1つだけ選択を解除します❷。

③ 2個の「Header」インスタンスが選択された状態で、［オートレイアウト］の［W］を以下に変更します❶。

W	393

2個の「Header」インスタンスの幅が、同時に縮小します❷。

④ 2個の「Header」インスタンスが選択された状態で、［ローカルインスタンス］の「visible-navi」のスライドボタンをクリックします❶。スライドボタンがグレーアウトして❷、「Header」インスタンスから「Global Navi」が消えます❸。

✓ Check! マッチングレイヤー

オブジェクトを選択し、［デザイン］パネルの［ ꙮ ］をクリックすると、共通の種類のオブジェクトを同時に選択することができます。「共通」であるには、以下の3つの条件を満たすことが必要です。

① フレーム内やグループ内にある
② 同じレイヤー名
③ 同じ階層位置

右図の例では、異なる2つのフレーム「Frame 1」と「Frame 2」の中にある2つの「item」は共通となり、選択されます。その他は選択されません。

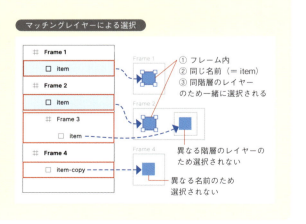

マッチングレイヤーによる選択

① フレーム内
② 同じ名前（= item）
③ 同階層のレイヤーのため一緒に選択される

異なる階層のレイヤーのため選択されない

異なる名前のため選択されない

5 「Home Desktop」フレームの「Header」インスタンスを選択します❶。[ローカルインスタンス]の「visible-navi」のスライドボタンがアクティブな状態になっているため❷、ヘッダにはグローバルナビゲーションが表示されています❸。

> **Notes**
> 「visible-navi」のスライドボタンが青色のアクティブな状態のときは、表示・非表示のプロパティが「true」であり、表示することを意味します。

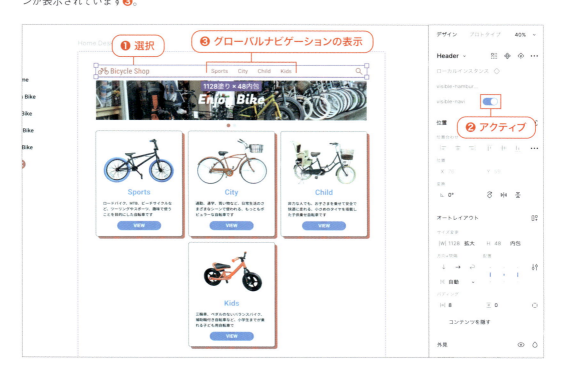

✓ Check! 複数要素の一括編集

複数のオブジェクトを選択すると、以下のような方法で一括でオブジェクトの編集ができます。この操作は、同じフレーム上のオブジェクトだけでなく、異なるフレーム上にある複数のオブジェクトに対しても有効です。

複数のテキストボックスを選択した場合は、[デザイン]パネルに[|A|]が表示されます。[|A|]をクリックしてから入力すると、複数のテキストボックスに同じ内容のテキストを入力できます（122ページを参照）。

09 作業用ページの追加

デスクトップPC用のフレームを、新規ページに移動します。

1 ［ファイル］パネルの「Page 1」をダブルクリックして選択し❶、以下の文字を入力します❷。

ページ名	Mobile

2 ［ページ］の［＋］をクリックします❶。「Page 2」が作られ、新しいページのキャンバスが表示されます❷。「Page 2」の名前を、以下に変更します❸。

ページ名	Desktop PC

> **Notes**
> 無料の「スターター」プランでは、新規ページの作成は1ファイル内で3ページまで可能です。

3 ［ページ］の「Mobile」を選択して❶、前のページに戻ります❷。

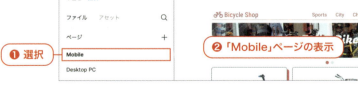

4 「Home Desktop」フレームを右クリックして❶、［ページに移動］→［Desktop PC］を選択します❷。「Home Desktop」フレームが、「Desktop PC」ページに移動します。

5 ［ファイル］パネルの［ページ］の「Desktop PC」を選択し❶、「Desktop PC」ページに切り替えます❷。Shift＋1キーを押して、［自動ズーム調整］を実行します❸。「Home Desktop」フレームが画面に表示されます。

10 デスクトップPC版のプレビュー再生　　サンプル 6-02-10.fig

プレビュー再生し、デスクトップPC版をテストします。

1 「Desktop PC」ページが表示された状態で、［プロトタイプ］パネルを選択します❶。［デバイス］を以下のように設定します❷。

| デバイス | デバイスがありません |

2 右パネルの［▷］の右にある ∨ をクリックして❶、［▣ プレビュー］を選択します❷。

> **Tips**
> ［▣ プレビュー］のショートカットは、Shift＋Space キーです。

3 新規ウィンドウに、プレビュー再生されます❶。テストを終えたら、ウィンドウを閉じます。

> **Tech**
> ［▣ プレビュー］を選択すると、新規タブではなく、新規ウィンドウにプレビュー再生されます。全体が表示されるように自動で縮小するため、大きなサイズのデザインをプレビュー再生する際に便利です。

LESSON 6　レスポンシブなWebデザイン

187

✅ Check! Figma AI

Figma社は、2024年6月にFigma AIをリリースしました。

2024年12月現在、Figma AIはベータ版であり、限定されたユーザーのみに公開されています。順次ユーザー数を増やし、数カ月後には全ユーザーへ公開の予定でしたが、開発上の課題も多くあるようで、いまだ全ユーザーへ公開するには至ってません。

Figma AIを利用するには［✨アクションツール］を使用します。Figma AIが搭載されていない［⋮⋮アクションツール］とは、アイコンのデザインが異なります。

AI機能が搭載された［アクションツール］

AI機能を使うことで、右のような操作が可能になります。Figmaを使いこなしている人ほど便利な操作になっていて、利用するにはFigmaの基本操作の習得が不可欠です。

Figma AIの操作例

ドラフトを作る	プロンプト（テキスト指示）で、ワイヤーフレームやデザインを作る
デザインを変更する	デザインの色調や画像を変更する
プロトタイプを作る	フレーム間をコネクションで結び、ページ遷移を設定する
レイヤーをリネームする	内容に沿ったレイヤー名に変更する
コンテンツを入れ替える	ダミーテキストをリアルなテキストに置き換える
テキストをリライトする	読者対象に合わせてトーンを変えてテキストをリライトする
要約する	テキストを要約する
翻訳する	翻訳したテキストに変更する
画像を作る	プロンプトで画像を生成する
背景を消す	画像の背景を削除する
アセットを検索する	過去に作成したコンポーネントやデザインを検索する

✅ Check! AI機能のトレーニング

Figmaは、AI機能のトレーニングのために、ユーザーが作るデータを利用します。個人情報や機密情報を削除し、匿名化した上でのデータ利用となります。

トレーニング用に使用されたくなければ、利用の許可をオフにしましょう。デフォルトはオンになっています。

無料版「スタータープラン」のAIトレーニングをオフにする

Figmaのファイルブラウザで「チーム名」をクリックし❶、もう一度チーム名をクリックする❷。

チームのウィンドウが表示されたら∨をクリックし❸、［設定を表示］を選択する❹。

［設定］ダイアログが表示されたら、［AI設定を管理］をクリックする❺。

［設定］ダイアログが表示されたら、［コンテンツのトレーニング］のスライドボタンをクリックする❻。

 Notes

有料版のFigmaは、操作が異なります。ファイルブラウザの［管理者］をクリックし、チームのウィンドウが表示されたら［設定］をクリックします。

LESSON 7

インタラクティブな
UI パーツ

最後のレッスンです。入力フィールドやチェックボックスなどの UI パーツを作成すれば、Figma の基本スキルの習得が完了です。

LESSON 7の内容

ドラッグでオーバーレイが閉じる設定をします Ⓔ

クリックでキーボードが現れ、1文字ずつ表示されるパラパラアニメを設定します ⒶⒷⒸⒺ

プロパティで異なるデザインのボタンを作ります ⒷⒹ

バリアントでチェックボックスを作ります ⒸⒺ

レッスンで学ぶこと

Ⓐ オートレイアウト　Ⓑ コンポーネント　Ⓒ バリアント
Ⓓ プロパティ　Ⓔ インタラクション

LESSON 7 / 01 検索用ウィンドウの作成

新しく検索用ウィンドウを作成し、ヘッダの虫眼鏡アイコンのクリックでオーバーレイ表示するように設定します。

01 新規フレームの作成

サンプル 7-01-01.fig

検索用ウィンドウを作るために、新しいフレームを作成します。

1. LESSON 6に引き続き、「Bicycle shop」ファイルを開いて操作します。[ファイル] パネルの [ページ] で、「Mobile」を選択します❶。

2. 「Menu」フレームの右横の余白を表示します❶。[♯ フレームツール] を選択して❷、[デザイン] パネルの [フレーム] の [スマホ] のリストから、「iPhone 16」を選択します❸。

3. 「iPhone 16 - 1」の名前が付いた「393×852」のフレームが表示されます。「iPhone 16 - 1」フレームをドラッグして❶、他のフレームと上端を揃えます❷。

4. 「iPhone 16 - 1」フレームが選択された状態で、[レイアウトグリッド] の [::] をクリックします❶。[グリッドスタイル] パネルが表示されたら、「4列+8px」を選択します❷。4列のグリッドが表示されます❸。

5　フレームが選択された状態で ⌘/Ctrl + R キーを押してレイヤー名を選択し❶、以下の名前に変更します❷。

| レイヤー名 | Search Window |

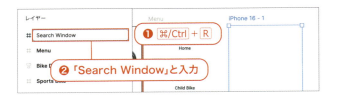

6　[T テキストツール] を選択し❶、レイアウトグリッドの1列目から4列目までをドラッグして、テキストボックスを作成し❷、以下の文字を入力します❸。

| 入力文字 | Search |

Notes
入力したテキストの書式設定は、操作時の状況によって異なります。図とは異なる場合もありますが問題ありません。

7　テキストボックスを選択し❶、[レイアウト] で以下のように設定します❷。

| サイズ調整 | ⊨ 高さの自動調整 |

続いて [タイポグラフィー] を以下のように設定します。

フォント	❸ Roboto
ウェイト	❹ Medium
フォントサイズ	❺ 24
配置	❻ ≡ テキスト中央揃え

8　テキストボックスが選択された状態で、[位置] を以下のように設定します。

| X | ❶ 16 | Y | ❷ 64 |

02　プロパティによるテキスト変更

コンポーネントのテキストボックスにプロパティを設定して、インスタンスのテキストを変更します。

1　「Section 1」セクションを表示します。⌘/Ctrl キーを押しながら「Button」コンポーネントセットの上段の「BUTTON」をクリックして、テキストボックスを選択します❶。[テキスト] の [⊕] をクリックします❷。

2　設定パネルが表示されたら［+］をクリックします❶。［プロパティまたはバリアブルの作成］パネルが表示されたら、［名前］に以下の文字を入力します❷。

| 名前 | text |

［プロパティを作成］をクリックします❸。

3　［テキスト］に、プロパティ名が表示されます❶。

4　⌘/Ctrl キーを押しながら、下段のバリアントのテキストボックスをクリックして、選択します❶。［テキスト］の［◎］をクリックし❷、設定パネルが表示されたら、上段のテキストボックスのプロパティ名である以下を選択します❸。

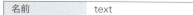

| 名前 | text |

5　［テキスト］に、上段のテキストボックスのプロパティ名と同じプロパティ名が表示されます❶。

6　［アセット］パネルを選択して❶、［このファイル内で作成］を選択します❷。

7. リストの中から「Button」コンポーネントを選択し、「Search Window」フレームへドラッグ&ドロップして、インスタンスを配置します❶。

> **Notes**
> 「Search Window」フレーム上であれば、「Button」インスタンスの位置はどこでもかまいません。

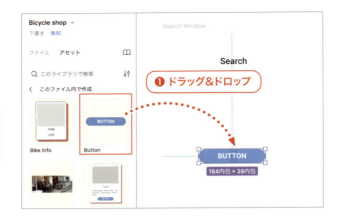

8. 「button」インスタンスが選択された状態で、[ローカルインスタンス]の「text」の入力欄を以下に変更します❶。

text	SEARCH

ボタンのテキストが変わります❷。

03 プロパティによるバリアントの表示切り替え

コンポーネントセットに新しいプロパティを作成して、別の種類のバリアントに切り替えます。

1. 「Section 1」セクションに戻り、紫色の点線で囲まれた「Button」コンポーネントセットを選択します❶。[プロパティ]の[+]をクリックして❷、メニューが表示されたら[◇ バリアント]を選択します❸。

> **Notes**
> [プロパティ]には作成済みのプロパティが並びます。「status」は「マウスオーバー時の表示切り替え」（120 ページ）、「text」は「ボタンのテキスト変更」（193 ページ）のためのプロパティです。

2. [コンポーネントプロパティを作成]ダイアログが表示されたら、以下の文字を入力します❶。

名前	borderline

[プロパティを作成]をクリックします❷。

194

3 コンポーネントセットの[プロパティ]に、新しいプロパティ「borderline」が追加されました❶。

4 「button」コンポーネントセット内の2個のバリアントを選択します❶。「borderline」の入力欄を選択して、以下の文字を入力します❷。

| borderline | false |

5 2個のバリアントが選択された状態で、[➕]をクリックします❶。同じ2個のバリアントが複製されます❷。

> 🗝 **Tech**
> 複数のバリアントを選択して[➕]をクリックすると、選択した内容と同じ、複数個のバリアントを複製できます。

6 複製された2個のバリアントが選択された状態で、「borderline」の入力欄に以下の文字を入力します❶。

| borderline | true |

入力中に警告が表示されますが❷、入力を確定すると消えます。

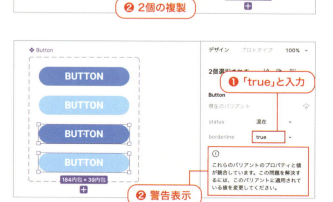

✅ Check!　デザインを切り替えるプロパティ

作例ではすでに、表示と非表示を「true」と「false」の二者択一式で切り替えるプロパティを作成しています(178ページの「Check!」を参照)。
ここでは、2個ずつのボタンを上段と下段に作成し、上段のボタンの[値]に「false」、下段のボタンに「true」を設定しています。次のステップでは、下段のボタンのデザインを変更し、インスタンスのスライダーをワンクリックするだけでデザインを切り替えられるようにします。

LESSON 7　インタラクティブなUIパーツ

04 バリアントのデザイン変更

バリアントのデザインを変更して、「CANCEL」ボタンを作成します。

1 3番目のバリアントを選択し❶、[塗り]の「Primary/Blue」をクリックします❷。[ライブラリ]パネルが表示されたら、以下のカラーバリアブルを選択します❸。

塗りの色	Primary/White

フレームの背景が白色になります❹。

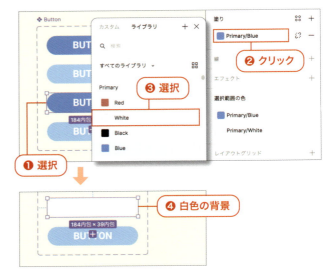

2 3番目のバリアントが選択された状態で、[線]の[::]をクリックします❶。[ライブラリ]パネルが表示されたら、以下のカラーバリアブルを選択します❷。

線の色	Primary/Blue

フレームの境界線が青色になります❸。

✓ Check! コンポーネントセットの境界線

コンポーネントセットの点線の境界線は、自由に大きさを変えることができます。また、コンポーネントセットの境界線内であれば、バリアントの位置を自由に移動できます。
ただし、バリアントを境界線の外側へ移動するとバリアントでなくなります。境界線の外側へは移動しないようにしましょう。

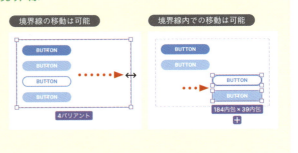

3 バリアントが選択された状態で、線の太さ
を以下のように設定します❶。

太さ	3

境界線の太さが変わります❷。

4 3番目のバリアントの「BUTTON」テキストボックスを選択します❶。白色のテキストのため、選択しても「BUTTON」の文字は見えません。

5 ［塗り］の「Primary/White」をクリックします❶。［ライブラリ］パネルが表示されたら、以下のカラーバリアブルを選択します❷。

塗りの色	Primary/Blue

「BUTTON」のテキストが青色に変化します❸。

05 インスタンスのブーリアン型変更

プロパティを使って、検索用ウィンドウのボタンのデザインを変更します。

1 「Search Window」フレームを表示します。「SEARCH」ボタンの「Button」インスタンスを選択し、Option/Altキーを押しながら下方向へドラッグして❶、「Button」インスタンスを複製します❷。

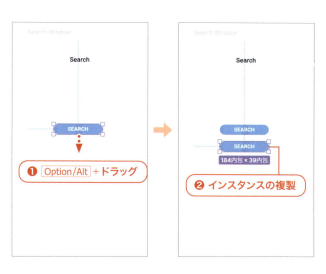

LESSON 7 インタラクティブなUIパーツ

197

2 複製された「Button」インスタンスが選択された状態で、[ローカルインスタンス]の「borderline」の横にあるスライドボタンをクリックして❶、「true」の状態にします❷。「Button」インスタンスが、青色の境界線のボタンになります❸。

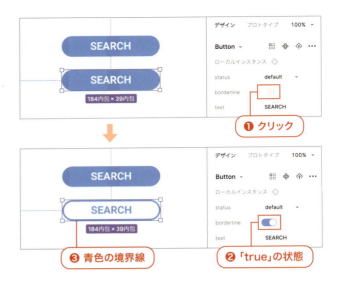

3 青色の境界線の「button」インスタンスが選択された状態で、[ローカルインスタンス]の「text」の入力欄を以下に変更します❶。

text	CANCEL

ボタンのテキストが変わります❷。

06 複数ボタンのオートレイアウト

検索用の2個のボタンをオートレイアウトにして、位置を変更します。

1 「SEARCH」と「CANCEL」ボタンの両方を選択し❶、Shift + A キーを押して[オートレイアウトを追加]を実行します❷。

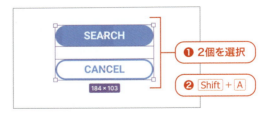

2 オートレイアウトのフレームが選択された状態で、[オートレイアウト]を以下のように設定します。

方向	❶ ↓ 縦に並べる
配置	❷ 上揃え（中央）
⇌ 上下の間隔	❸ 16
|o| 水平パディング	❹ 0
⇋ 垂直パディング	❺ 0

3. オートレイアウトのフレームが選択された状態で、[位置] を以下のように設定します。

| X | ❶ 104 | Y | ❷ 464 |

4. オートレイアウトのフレームが選択された状態で ⌘/Ctrl + R キーを押してレイヤー名を選択し❶、以下の名前に変更します❷。

| レイヤー名 | Search Button |

5. 「Search Window」フレームを選択します❶。[レイアウト] で、高さを以下のように設定します❷。

| H | 672 |

07 オーバーレイのインタラクション設定　　サンプル 7-01-07.fig

検索用ウィンドウがオーバーレイ表示するインタラクションを設定します。

1. [プロトタイプ] パネルを選択します❶。「Section 1」セクションの「Header」コンポーネント内の「material-symbols:search」を選択します❷。

   Notes
   「material-symbols:search」をキャンバス上で選択しにくいときは、[レイヤー] で選択してください。

LESSON 7　インタラクティブなUIパーツ

199

2 「material-symbols:search」フレームの ⊕ から外側へドラッグして矢印のコネクションを伸ばし❶、「Search Window」フレームに接続します❷。

3 「material-symbols:search」フレームと「Search Window」フレームが、コネクションで結ばれます。［インタラクション］パネルが表示されたら、以下のように設定します。

トリガー	❶ ☼ クリック時
アクション	❷ ▢ オーバーレイを開く
オーバーレイ	❸ Search Window
位置	❹ 中央下
外部をクリックしたときに閉じる	❺ チェック
背景	❻ チェック
背景色	❼ 000000
不透明度	❽ 50%
アニメーション	❾ ムーブイン
方向	❿ ↑
曲線	⓫ イーズイン
所要時間	⓬ 300ms

4 「CANCEL」ボタンを選択します❶。［プロトタイプ］パネルの［インタラクション］の［＋］をクリックします❷。［インタラクション］パネルが表示されたら、以下のように設定します。

トリガー	❸ クリック時
アクション	❹ ▢ オーバーレイを閉じる

📖 **Notes**

［プロトタイプ］パネルの［インタラクション］に登録されている［バリアントインタラクション］は、「Button」コンポーネントに設定した「マウスオーバー」のインタラクションです（123ページを参照）。

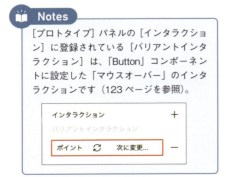

200

08 オーバーレイのプレビュー再生

サンプル 7-01-08.fig

プレビュー再生し、検索用ウィンドウのオーバーレイ表示をテストします。

1. キャンバス上の余白をクリックして、すべての選択を解除します❶。[プロトタイプ]パネルの[デバイス]を以下のように設定します❷。

| デバイス | iPhone 16 |

右パネルの[▷]をクリックします❸。

> **Notes**
> LESSON 6で[▶ プレビュー]を実行しました(187ページを参照)。この操作の結果、右パネルに ▶ が表示されている場合は、▶ の右にある ∨ をクリックし、[▷ 新しいタブに表示]を選択します。

❶ 余白をクリックし選択を解除
❸ クリック

2. プレビュー再生用のタブに「Home」フレームがプレビュー再生されます。虫眼鏡のアイコンをクリックすると❶、「Search」ウィンドウが下からスライドして、オーバーレイ表示されます❷。「CANCEL」ボタンをクリックすると❸、「Search」ウィンドウが下へ隠れます❹。テストを終えたら、プレビュー再生用のタブを閉じます。

> **Notes**
> 作例では「SEARCH」と「CANCEL」ボタンのみを作成しました。この後の作例で、ボタンの上のスペースに検索用のオブジェクトを作成していきます。

❶ クリック
❷ 下から「Search」画面の表示
❸ クリック
❹「Search」画面の非表示

LESSON 7

02 検索操作アニメーションの作成

パラパラアニメの手法で、検索欄に1文字ずつ入力されるアニメーションを作ります。

01 プレースホルダーのテキスト作成   サンプル 7-02-01.fig

検索欄に表示するプレースホルダー（入力例）のテキストを作ります。

1 「Section 1」セクションを選択します❶。［デザイン］パネルを選択し❷、［セクション］の高さを以下のように設定します❸。

H	1800

セクションの領域が、縦に広がります❹。

2 ［T テキストツール］を選択し❶、「Section 1」セクションの余白をクリックして❷、以下の文字を入力します❸。

入力文字	キーワードを入力

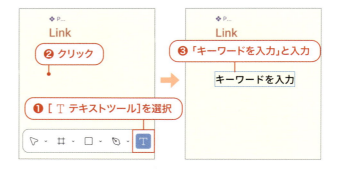

3 テキストボックスを選択します❶。［タイポグラフィー］を以下のように設定します。

フォント	❷ Noto Sans JP
ウェイト	❸ Medium
フォントサイズ	❹ 16
配置	❺ ≡ テキスト左揃え

4 「キーワードを入力」テキストボックスが選択された状態で、[塗り]の[∷]をクリックします❶。[ライブラリ]パネルが表示されたら、以下のカラーバリアブルを選択します❷。

| 塗りの色 | Input/Gray |

テキストの色がグレーになります❸。

02 テキストボックスのオートレイアウト

入力欄を作るために、テキストボックスをオートレイアウトにします。

1 テキストボックスが選択された状態で Shift + A キーを押して、[オートレイアウトを追加]を実行します❶。

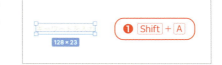

2 フレームが選択された状態で、[オートレイアウト]を以下のように設定します。

W	❶ 360
H	❷ 48
配置	❸ 左揃え
⊢⊣ 水平パディング	❹ 10
⊤⊥ 垂直パディング	❺ 10

3 フレームが選択された状態で[線]の[∷]をクリックします❶。[ライブラリ]パネルが表示されたら、以下のカラーバリアブルを選択します❷。

| 線の色 | Input/Gray |

4. フレームの境界線の色がグレーになり、線の太さが以下になりました❶。

太さ	1

5. フレームが選択された状態で [⌘/Ctrl] + [R] キーを押してレイヤー名を選択し❶、以下の名前に変更します❷。

レイヤー名	Input Field

03 パラパラアニメ用のバリアントの作成

入力欄をコンポーネント化し、パラパラアニメ用のバリアントを作成します。

1. 「Input Field」フレームが選択された状態で、[デザイン]パネルの[❖]をクリックします❶。

2. 「Input Field」コンポーネントが選択された状態で、[デザイン]パネルの[❖]をクリックします❶。バリアントが作られ、紫色の点線で囲まれます❷。

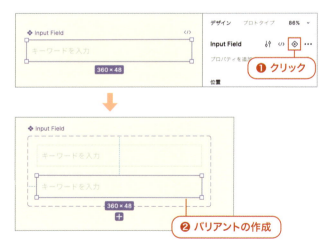

3. 作成されたバリアントの「キーワードを入力」のテキストを選択し、以下に変更します❶。

入力文字	BMX

4 入力した「BMX」のテキストボックスを選択します❶。

5 現在の [塗り] の色の「Input/Gray」をクリックします❶。[ライブラリ] パネルが表示されたら、以下のカラーバリアブルを選択します❷。

| 塗りの色 | Primary/Black |

テキストが黒色になります❸。

6 下段のバリアントを選択します❶。下に表示された [+] をクリックして、バリアントを複製します❷。

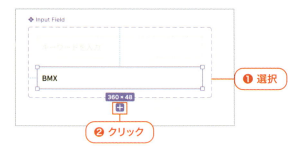

7 複製されて2個になった「BMX」のバリアントを一緒に選択します❶。もう一度 [+] をクリックします❷。

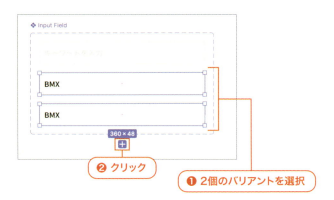

8 2個のバリアントが複製され❶、合計4個の「BMX」のバリアントができます。

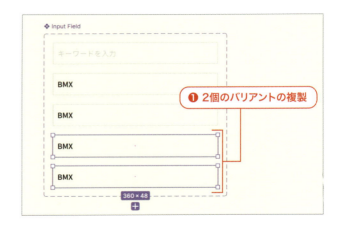

9 上から2つ目の「BMX」バリアントの「MX」を選択します❶。[Delete] キーを押して削除し、「B」のみにします❷。3つ目のバリアントの「X」を選択します❸。[Delete] キーを押して削除し、「BM」にします❹。

> **Notes**
> 1文字ずつ表示するバリアントを作り、あとのステップでパラパラアニメにします。

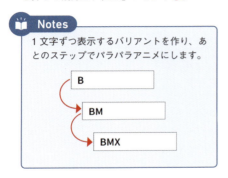

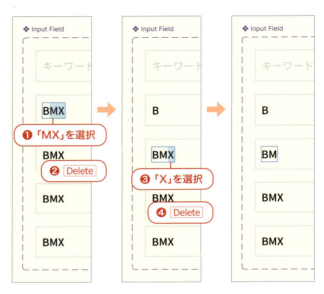

04 アニメーションのためのプロパティ設定

5個のバリアントに、アニメーションの動きに合わせたプロパティを設定します。

1 紫色の点線の「Input Field」コンポーネントセットを選択します❶。[プロパティ]の「プロパティ1」の[⋮]をクリックします❷。

> **Notes**
> [Input Field]の[⋮]とは異なります。間違えないようにしましょう。

2 [バリアントプロパティの編集] パネルが表示されたら、[名前] を以下に変更します❶。

設定したら、[×] をクリックしてパネルを閉じます❷。

3 コンポーネントセットの1つ目のバリアントを選択します❶。[現在のバリアント] の入力欄を選択して、以下の文字を入力します❷。

4 2つ目のバリアントを選択して❶、「status」に以下の文字を入力します❷。

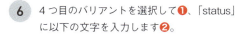

5 3つ目のバリアントを選択して❶、「status」に以下の文字を入力します❷。

6 4つ目のバリアントを選択して❶、「status」に以下の文字を入力します❷。

| status | input3 |

7 一番下のバリアントを選択して❶、「status」に以下の文字を入力します❷。

05 パラパラアニメのインタラクション設定

入力欄をタップすると、「BMX」のテキストが1文字ずつ表示されるアニメーションを作成します。

1. ［プロトタイプ］パネルを選択します❶。コンポーネントセットの1つ目のバリアントを選択し❷、バリアントの ⊕ から2つ目のバリアントへドラッグし❸、コネクションで結びます❹。［インタラクション］パネルが表示されたら、以下を設定します。

トリガー	❺ ☼ タップ時
アクション	❻ ↻ 次に変更
status	❼ input1
アニメーション	❽ 即時

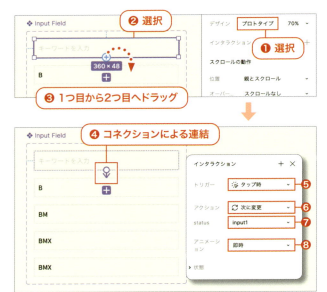

2. 2つ目のバリアントを選択します❶。2つ目のバリアントの ⊕ から3つ目のバリアントへドラッグし、連結します❷。以下のインタラクションを設定します。

トリガー	❸ ⏱ アフターディレイ
遅延	❹ 1000 ms
アクション	❺ ↻ 次に変更
status	❻ input2
アニメーション	❼ 即時

> **Notes**
> ［遅延］の「1000ms」は1秒（1000ms × 0.001秒）です。

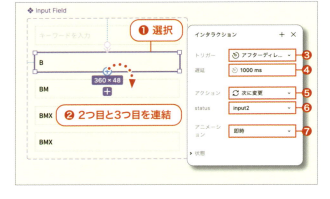

3. 3つ目のバリアントを選択し❶、3つ目のバリアントの ⊕ から4つ目のバリアントへドラッグし、連結します❷。以下のインタラクションを設定します。

トリガー	❸ ⏱ アフターディレイ
遅延	❹ 1000 ms
アクション	❺ ↻ 次に変更
status	❻ input3
アニメーション	❼ 即時

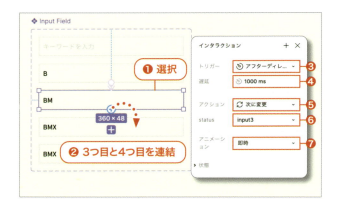

4. さらに同じ操作を続けます。4つ目のバリアントを選択します❶。4つ目のバリアントの ⊕ から5つ目のバリアントへドラッグし、連結します❷。以下のインタラクションを設定します。

トリガー	❸ 🕑 アフターディレイ
遅延	❹ 1000 ms
アクション	❺ ↻ 次に変更
status	❻ inputted
アニメーション	❼ 即時

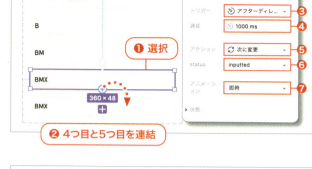

5. 5つ目のバリアントを選択します❶。5つ目のバリアントの ⊕ から1つ目のバリアントへドラッグし、連結します❷。以下のインタラクションを設定します。

トリガー	❸ ✳ タップ時
アクション	❹ ↻ 次に変更
変更先	❺ default
トランジション	❻ 即時

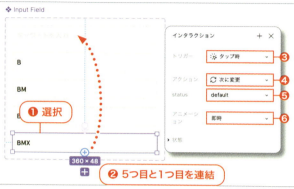

06　iOSコンポーネントのキーボードを配置

iOS コンポーネント「iOS 18 and iPadOS 18」を利用して、ソフトキーボードを配置します。

1. [アセット] パネルを選択し❶、[iOS 18 and iPadOS 18] を選択します❷。[iOS 18 and iPadOS 18] のリストが表示されたら、検索欄に「key」と入力します❸。

   Notes
   [このファイル内で作成] が表示されているときは く をクリックします。

   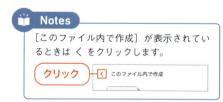

2. 「Keyboard」名のコンポーネントが表示されます。リストから「Keyboard - iPhone」をドラッグ＆ドロップして❶、「Section1」セクション上にインスタンスを配置します❷。

   Notes
   「Section1」セクション上であれば、配置する位置はどこでもかまいません。

3. 「Keyboard - iPhone」インスタンスを選択した状態で［デザイン］パネルを選択すると❶、プロパティが表示されます❷。プロパティの［Option1］に、以下の文字を入力します❸。

Option1	BMX

［Option2］と［Option3］のテキストを削除し、空欄にします❹。キーボードの「入力候補」のテキストが変わります❺。

> **Tech**
> 公開されている「iOS 18 and iPadOS 18」のコンポーネントには、各種のプロパティが設定されていて、さまざまなカスタマイズができます。

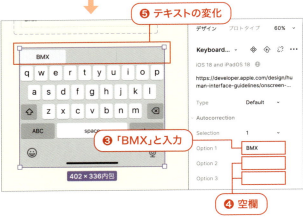

4. Windowsを使用していると、テキストを変更する際に、右図の［不足しているフォント］ウィンドウが表示されることがあります。これは、「Keyboard - iPhone」コンポーネントで使用されているフォント「SF Pro」がPCにインストールされていないことが原因です。［代替フォント］で「Roboto」を選択し❶、［フォントを置換］をクリックしてください❷。

07 絶対位置でバリアントへ追加

入力欄のバリアントにキーボードのインスタンスを追加し、位置を変更します。

1. キャンバス上の「Keyboard - iPhone」を選択し❶、⌘/Ctrl + X キーを押して［カット］を実行します❷。

> **Notes**
> 次のステップで［ペースト］を実行するため、Delete キーによる削除ではなく、［カット］を実行します。

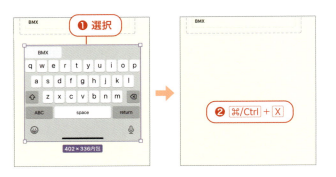

210

2. 「Input Field」コンポーネントセットの2つ目のバリアントを選択し❶、⌘/Ctrl + V キーを押して［ペースト］を実行します❷。

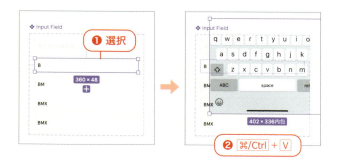

3. ［ファイル］パネルの［レイヤー］を表示し、2つ目のバリアント（「input1」）内に「Keyboard - iPhone」インスタンスが配置されたことを確認します❶。

> **Notes**
> 「Keyboard - iPhone」インスタンスは、「input1」オートレイアウト内にペーストされたため、テキスト「B」の右横に、水平方向中央の位置で並びます。

4. 「Keyboard - iPhone」インスタンスが選択された状態で、［位置］の［ ］をクリックし、［絶対位置］の設定をオンにします❶。

5. ［位置］を以下のように設定します。

| X | ❶ -16 | Y | ❷ 170 |

［絶対位置］（212ページの「Check!」を参照）の状態のため、「Keyboard - iPhone」インスタンスが、オートレイアウトの整列のルールを無視して左下の方向に移動し、コンポーネントセットの枠内にある上端部分のみが表示されます❸。次に［オートレイアウト］の［サイズ変更］を以下のように設定します❹。

| W | 393 |

> **Notes**
> キーボードは「iPhone 16 Pro」の大きさ（402 px）で作られているため、「iPhone 16」の大きさ（393 px）に変形します。

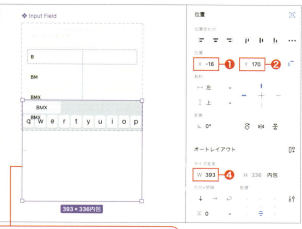

6 「Input Field」コンポーネントセットを選択し❶、紫色の境界線の下辺を下方向にドラッグして枠を広げ❷、「Keyboard - iPhone」インスタンスを表示します❸。「Keyboard - iPhone」インスタンスを選択します❹。⌘/Ctrl＋Ｃキーを押して［コピー］を実行します❺。

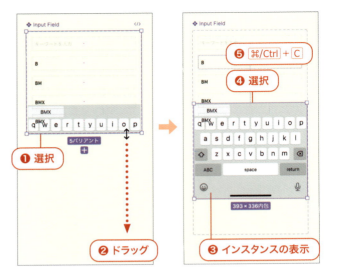

7 3つ目と4つ目のバリアントを同時に選択し❶、⌘/Ctrl＋Ｖキーを押して、［ペースト］を実行します❷。2つ目の［◻︎］で設定した位置のまま、3つ目と4つ目のバリアント内に「Keyboard - iPhone」インスタンスが配置されます❸❹。

> **Tech**
> 複数のバリアントを選択して1個のオブジェクトを［ペースト］すると、各バリアントに同じオブジェクトが1個ずつ貼り付けられます（185ページの「Check!」を参照）。

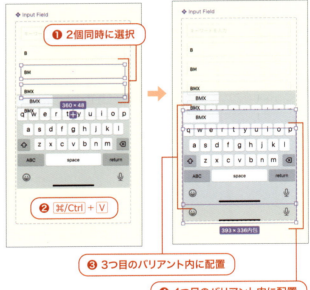

✓ Check!　絶対位置

オートレイアウト内で整列されたオブジェクトに対して［◻︎］を選択すると、オートレイアウトのルールを無視した「絶対位置」を指定できます。CSSにも「絶対位置」で自由な位置を設定する「position:absolute」があり、Figmaの［◻︎］はこれに順じた設定です。CSSの「絶対位置」と同じく、Figmaの「絶対位置」もフレームの左上を基準に位置を指定します。

絶対位置による移動

オートレイアウトで水平方向に整列する

1つのオブジェクトを「絶対位置」で指定

212

08 完成したコンポーネントからインスタンスの配置

検索キーワード用の入力欄のコンポーネントから、インスタンスを配置します。

1. 「Search Window」フレームを表示します。[T テキストツール]を選択し❶、フレームの上でクリックして❷、入力欄用のラベルとして以下の文字を入力します❸。入力する位置はどこでもかまいません。

入力文字	キーワード

2. テキストボックスを選択します❶。[タイポグラフィー]を以下のように設定します。

フォント	❷ Noto Sans JP
ウェイト	❸ Medium
フォントサイズ	❹ 14
配置	❺ ≡ テキスト左揃え

3. [アセット]パネルを選択して❶、[このファイル内で作成]を選択します❷。

> **Notes**
> [iOS 18 and iPadOS 18]が表示されているときは「UI キット名」と「検索欄」の×をクリックして、右図の状態にします。
>
>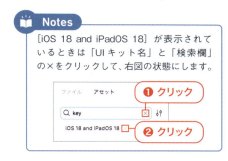

4. リストの中から「Input Field」コンポーネントを選択し、「Search Window」フレームへドラッグ＆ドロップして、インスタンスを配置します❶。

213

5. 「キーワード」テキストボックスと「Input Field」インスタンスを選択します❶。Shift + A キーを押して、[オートレイアウトを追加]を実行します❷。

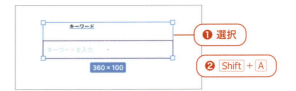

6. フレームが選択された状態で、[位置]を以下のように設定します。

| X | ❶ 16 | Y | ❷ 140 |

[オートレイアウト]を以下のように設定します。

方向	❸ ↓ 縦に並べる
配置	❹ 左揃え
三 上下の間隔	❺ 4
|o| 水平パディング	❻ 0
豆 垂直パディング	❼ 0

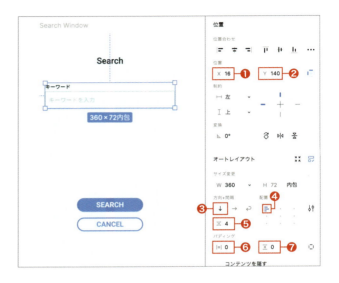

7. フレームが選択された状態で ⌘/Ctrl + R キーを押してレイヤー名を選択し❶、以下の名前に変更します❷。

| レイヤー名 | Keyword |

09 検索操作のプレビュー再生

サンプル 7-02-09.fig

プレビュー再生し、検索操作のパラパラアニメの表示をテストします。

1. キャンバス上の余白をクリックして、すべての選択を解除します❶。右パネルの [▷] をクリックします❷。

2 プレビュー再生用のタブに「Home」フレームがプレビュー再生されます。虫眼鏡アイコンをクリックします❶。「Search」ウィンドウが表示されたら、入力欄をクリックします❷。

3 ソフトキーボードが表示され❶、入力欄に「BMX」が1文字ずつ表示されます❷。

4 最後にソフトキーボードが消えます❶。入力欄を再度クリックすると❷、最初の状態に戻ります❸。テストを終えたら、プレビュー再生用のタブを閉じます。

LESSON 7 インタラクティブなUIパーツ

215

LESSON 7

03 チェックボックスの作成

クリックすると、チェックできたり、チェックが外れたりするチェックボックスを作成します。

01　Iconifyプラグインによるアイコンの配置　　サンプル 7-03-01.fig

Iconifyプラグインを使ってチェックボックスのアイコンを検索し、配置します。

1. ［ アクションツール］を選択して❶、パネルが表示されたら［プラグインとウィジェット］を選択します❷。「Iconify」が表示されたらクリックします❸。

   Notes
   「Iconify」が表示されないときは、52ページを参照してください。

2. ［Iconify］パネルが表示され、アイコンセット名が表示されたら「Material Symbols」をクリックします❶。

   Notes
   Iconifyプラグインの前回の操作内容（132ページの手順④）の画面が表示され、右図の画面にならないときは、左上の［Import］をクリックします。

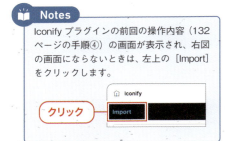
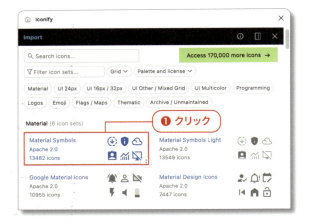

3. 「Material Symbols」のアイコンセットが表示されます❶。検索欄に「checkbox」と入力し❷、［ 🔍 ］をクリックします❸。

4. 検索されたアイコンの中から、最初のアイコン（mdi:checkbox-outline）をクリックします❶。選択したアイコンがプレビュー表示されたら❷、大きさと色を以下のように設定します。

Size	❸ 24
Color	❹ black

❷ プレビュー表示

5. プレビューを「Section 1」セクション上へドラッグ＆ドロップします❶。配置できたら、[Iconify] パネルを閉じます。

> **Notes**
> ドラッグ先は、セクション上であればどこでもかまいません。

❶ ドラッグ＆ドロップ

02 テキスト追加とアイコンのパス編集

チェックボックスのアイコンのパスを編集して、「未チェック」のアイコンを作ります。

1. [T テキストツール] を選択し❶、アイコンの右横をクリックして❷、以下の文字を入力します❸。

入力文字	item

❷ クリック
❶ [T テキストツール]を選択
❸ 「item」と入力

2. テキストボックスを選択します❶。[タイポグラフィー] を以下のように設定します。

フォント	❷ Noto Sans JP
ウェイト	❸ Medium
フォントサイズ	❹ 16
配置	❺ ≡ テキスト左揃え

3. アイコンとテキストボックスを選択し❶、[Shift]+[A]キーを押して、[オートレイアウトを追加]を実行します❷。

4. フレームが選択された状態で、[オートレイアウト]を以下のように設定します。

方向	❶ → 横に並べる
配置	❷ 左揃え
][左右の間隔	❸ 8
|o| 水平パディング	❹ 0
亙 垂直パディング	❺ 0

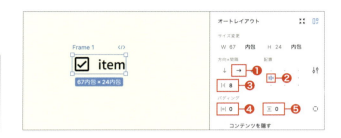

5. [Option/Alt]キーを押しながら、フレームを下方向へドラッグして複製します❶。

6. 画面を拡大表示し❶、上段のアイコンをダブルクリックして、アイコンに斜線が表示される「パスの編集モード」にします❷。

7. アイコンの中心をドラッグして、✔のポイントをすべて選択します❶。[Delete]キーを押して✔を削除します❷。操作を終えたら、ツールバーの[× 閉じる]をクリックして「パスの編集モード」を終了します❸。

> 🔑 **Tech**
> アイコンを画面いっぱいに拡大表示すると、パスをドラッグで選択しやすくなります。

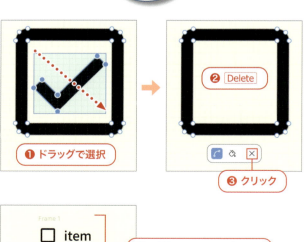

8. 「未チェック」と「チェック済み」の2種類のチェックボックスができました❶。

> 📖 **Notes**
> iconifyプラグインを使って「未チェック」のアイコンを貼り付ける方法もありますが、ここでは編集して作成しています。

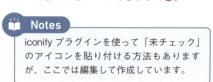

03 複数コンポーネントのセット化

複数のコンポーネントを選択して、コンポーネントセットに変換します。

1. 上段のフレームを選択し❶、[デザイン] パネルの [❖] をクリックします❷。

2. 同じ操作を繰り返します。下段のフレームを選択し❶、[デザイン] パネルの [❖] をクリックします❷。

3. 上段と下段の2個のコンポーネントを選択し❶、[デザイン] パネルの [バリアントとして結合] をクリックします❷。2個のコンポーネントをバリアントにしたコンポーネントセットができます❸。

> **Tech**
> 複数のコンポーネントを選択すると、[バリアントとして結合] が表示され、コンポーネントセットを作れます。

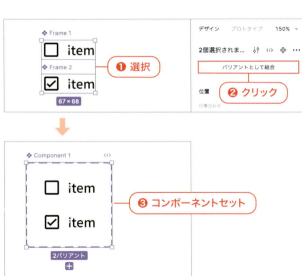

04 テキストプロパティの設定

チェックボックスのバリアントのテキストボックスに、テキストプロパティを設定します。

1. ⌘/Ctrl キーを押しながら、上段のバリアントのテキストボックスをクリックして選択し❶、[テキスト] の [⊙] をクリックします❷。

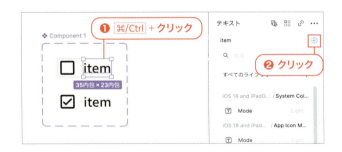

2 設定パネルが表示されたら［+］をクリックします❶。［プロパティまたはバリアブルの作成］パネルが表示されたら、［名前］に以下の文字を入力します❷。

名前	text

［プロパティを作成］をクリックします❸。

3 ［テキスト］に、プロパティ名が表示されます❶。

4 ⌘/Ctrl キーを押しながら、下段のバリアントのテキストボックスをクリックして、選択します❶。［テキスト］の［⊙］をクリックし❷、設定パネルが表示されたら、上段のプロパティと同じ名前の以下を選択します❸。

名前	text

5 ［テキスト］に、上段のテキストボックスと同じプロパティ名が表示されます❶。

6 コンポーネントセットを選択します❶。⌘/Ctrl + R キーを押してレイヤー名を選択し❷、以下の名前に変更します❸。

レイヤー名	Checkbox

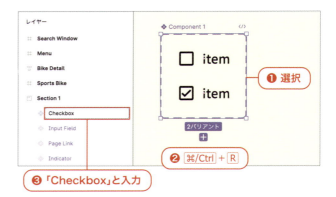

220

05 チェック操作のためのプロパティ設定

バリアントに、チェックボックスの動きに合わせたプロパティを設定します。

1 コンポーネントセットを選択します❶。[プロパティ]の「プロパティ1」の[⚙]をクリックします❷。[バリアントプロパティの編集]パネルが表示されたら、以下の文字を入力します❸。

名前	status

> **Notes**
> コンポーネントセットを作成すると、自動で未設定の「プロパティ1」が作られます。ここでは、チェックボックスのチェック操作のために、「プロパティ1」を編集します。

2 コンポーネントセットの上段のバリアントを選択します❶。[現在のバリアント]の「status」に以下の文字を入力します❷。

status	default

3 コンポーネントセットの下段のバリアントを選択します❶。[現在のバリアント]の「status」に以下の文字を入力します❷。

status	checked

06 チェックを切り替えるインタラクション設定

タップによって、チェックの有無を切り替えるインタラクションを設定します。

1 [プロトタイプ]パネルを選択します❶。コンポーネントセットの上段のバリアントを選択します❷。境界線に表示された ⊕ から下段のバリアントへドラッグします❸。

2 上段と下段のバリアントがコネクションで結ばれます。[インタラクション]パネルが表示されたら、以下のように設定します。

トリガー	❶ ※ タップ時
アクション	❷ ↻ 次に変更
status	❸ checked
アニメーション	❹ 即時

3 下段のバリアントを選択し❶、境界線に表示された ⊕ から上段のバリアントへドラッグします❷。

4 下段と上段のバリアントがコネクションで結ばれます。[インタラクション]パネルが表示されたら、以下のように設定します。

トリガー	❶ ※ タップ時
アクション	❷ ↻ 次に変更
status	❸ default
アニメーション	❹ 即時

07 完成したコンポーネントからインスタンスの配置

チェックボックスのインスタンスを配置し、テキストプロパティで表示するテキストを変更します。

1 [デザイン]パネルを選択します❶。⌘/Ctrl キーを押しながら、「Search Window」フレームの「キーワード」テキストボックスをクリックして選択します❷。Shift + Option/Alt キーを押しながら下方向へドラッグし、複製します❸。

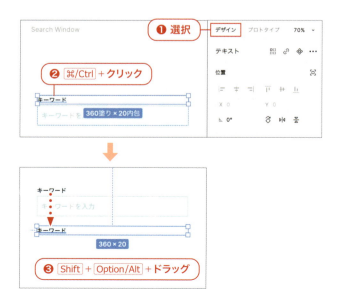

2 複製したテキストを、以下の文字に変更します❶。

入力文字	オプション

3 [アセット] パネルを選択して❶、[このファイルで作成] を選択します❷。

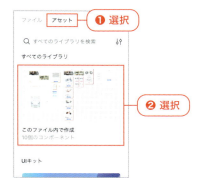

4 リストの中から「Checkbox」コンポーネントを選択し、「Search Window」フレームへドラッグ&ドロップして、インスタンスを配置します❶。

5 インスタンスが選択された状態で、Shift + Option/Alt キーを押しながら下方向へドラッグして、複製します❶。続いて⌘/Ctrl + D キーを押して、同じ方向と距離の複製を繰り返し❷、合計3個のインスタンスを作ります。

6　1番目の「Checkbox」インスタンスを選択し❶、［デザイン］パネルの「text」に以下の文字を入力して❷、インスタンスのテキストを変更します。

text	ギアチェンジ

7　2番目のインスタンスを選択し❶、「text」に以下の文字を入力して❷、インスタンスのテキストを変更します。

text	電動アシスト

8　3番目のインスタンスを選択し❶、「text」に以下の文字を入力して❷、インスタンスのテキストを変更します。

text	折りたたみ

08　オートレイアウトによる整列

チェックボックスのインスタンスの位置を揃えます。

1　3個のインスタンスを選択し❶、Shift + A キーを押して、［オートレイアウトを追加］を実行します❷。［オートレイアウト］を以下のように設定します。

W	❸ 360
方向	❹ ↓ 縦に並べる
配置	❺ 上揃え（左）
上下の間隔	❻ 16
水平パディング	❼ 16
垂直パディング	❽ 16

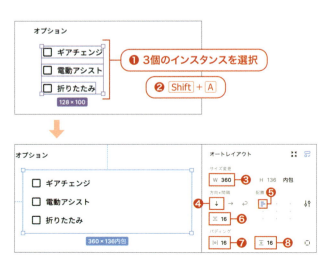

2. フレームが選択された状態で、[線]の[::]
をクリックします❶。[ライブラリ]パネル
が表示されたら、以下のカラーバリアブル
を選択します❷。

線の色	Input/Gray

フレームの境界線の色がグレーになります。

3. 「オプション」と「チェックボックス」のフ
レームを選択して❶、Shift + A キーを押
し、[オートレイアウトを追加]を実行しま
す❷。

4. オートレイアウトのフレームが選択された
状態で、[位置]を以下のように設定します。

X	❶ 16	Y	❷ 236

[オートレイアウト]を以下のように設定し
ます。

方向	❸ ↓ 縦に並べる
配置	❹ 上揃え（左）
上下の間隔	❺ 4
水平パディング	❻ 0
垂直パディング	❼ 0

09 レイヤーの入れ替え

[フレーム]パネルの[レイヤー]で、レイヤーの上下の階層を変更します。

1. フレームが選択された状態で ⌘/Ctrl + R
キーを押してレイヤー名を選択し❶、以下
の名前に変更します。

レイヤー名	❷ Option

LESSON 7 インタラクティブなUIパーツ

225

② ［レイヤー］で「Option」フレームを下方向へドラッグし❶、「Keyword」フレームの下へ移動します❷。

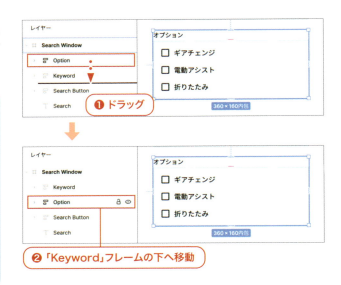

> **Notes**
> プレビュー再生でキーボードが登場する際、「Option」フレームが上に表示されないように、フレームの上下を入れ替えます。

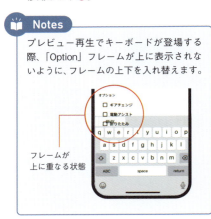

10 チェックボックスのプレビュー再生 サンプル 7-03-09.fig

プレビュー再生し、チェックボックスの動きをテストします。

① キャンバス上の余白をクリックして、すべての選択を解除します❶。右パネルの［▷］をクリックします❷。

② プレビュー再生用のタブに「Home」フレームがプレビュー再生されます。虫眼鏡アイコンをクリックします❶。「Search」ウィンドウが表示されたら、チェックボックスをクリックし、チェックが付いたり、消えたりするのを確かめます❷。テストを終えたら、プレビュー再生用のタブを閉じます。

> **Notes**
> チェックボックスとその横のテキストで作られたバリアントにインタラクションを設定しているため、テキストをクリックしてもチェックできます。

LESSON 7

04 ドラッグで閉じるウィンドウ

最後の課題です。検索ウィンドウを下方向へドラッグすると閉じられるように、ドラッグ操作のインタラクションを設定します。

01 ドラッグ操作用バーの作成　　　サンプル 7-04-01.fig

検索ウィンドウに、ドラッグ操作のためのバーを作ります。

1 ［／直線ツール］を選択します❶。「Search Window」フレームの一番上のスペースに、Shift キーを押しながら水平方向にドラッグして、レイアウトグリッド2列分の線を作成します❷。線が選択された状態で［位置］を以下のように設定します。

| X | ❸ 112 | Y | ❹ 24 |

［レイアウト］で長さを以下のように設定します。

| W | ❺ 168 |

2 線が選択された状態で、［線］の太さを以下のように設定します❶。

| 言 太さ | 6 |

線の両端のデザインを以下に変更します。

| 始点 | ❷ ⊂ 丸形 |
| 終点 | ❸ ⊃ 丸形 |

線の両端が丸くなります❹。

227

3. 線が選択された状態で、[線] の [::] をクリックします❶。[ライブラリ] パネルが表示されたら、以下のカラーバリアブルを選択します❷。

線の色	Input/Gray

線の色がグレーになります❸。

02 線のフレーム化

線をフレーム化したのち、フレームを拡大します。

1. 線が選択された状態で ⌘/Ctrl + R キーを押してレイヤー名を選択し❶、以下の名前に変更します❷。

レイヤー名	Grabber

2. 線が選択された状態で Option/Alt + ⌘/Ctrl + G キーを押して [選択範囲のフレーム化] を実行します❶。[レイヤー] にフレームが作られます❷。

> 📖 **Notes**
> 線をフレーム化すると、線の大きさのフレームが作られ、その中に線がおさまります。キャンバス上では、フレームであることがわかりにくい状態です。

3. 作成されたフレームが選択された状態で ⌘/Ctrl + R キーを押してレイヤー名を選択し❶、以下の名前に変更します❷。

レイヤー名	Drag Area

4. 「Drag Area」フレームが選択された状態で、Return/Enter キーを押し❶、フレーム内の「Grabber」線を選択します❷。

> **Tips**
> Return/Enter キーは、子要素を選択するショートカットです。

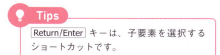

5. 「Grabber」線が選択された状態で、[位置]の「制約」を以下のように設定します。

水平方向の制約	❶ 中央
垂直方向の制約	❷ 中央

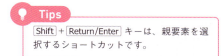

6. 「Grabber」線が選択された状態で、Shift + Return/Enter キーを押し❶、親要素の「Drag Area」フレームを選択します❷。

> **Tips**
> Shift + Return/Enter キーは、親要素を選択するショートカットです。

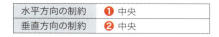

7. 「Drag Area」フレームが選択された状態で、[位置]を以下のように設定します。

X	❶ 0	Y	❷ 0

次に[レイアウト]で、フレームの大きさを以下のように設定します。

W	❸ 393	H	❹ 48

「Drag Area」フレームが拡大し、「Grabber」線が「Drag Area」フレームの中央に移動します❺。

> **Tech**
> 「制約」を「中央」に設定すると、親フレームを拡大縮小したとき、フレーム内の中央に留まり続けます（67ページの「Check!」を参照）。

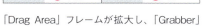

03 個別のコーナー設定

オーバーレイのウィンドウの上端のみを角丸にします。

1. 「Search Window」フレームを選択し❶、[外見]の[ ]をクリックします❷。

    > **Tech**
    > [外見]は「Appearance」の日本語訳です。オブジェクトを実際に加工しないで、「見た目」を操作する機能です。

2. [角の半径の詳細]パネルが表示されたら、以下のように設定します。

左上の角の半径	❶ 30
右上の角の半径	❷ 30

    左上と右上の角が丸くなります❸。

    > **Tech**
    > [ ]をクリックすると、4つのコーナーの丸みを別々に設定できます。

04 ドラッグ操作のインタラクション設定　　サンプル 7-04-04.fig

ドラッグ操作で、検索用ウィンドウを閉じるためのインタラクションを設定します。

1. [プロトタイプ]パネルを選択します❶。「Drag Area」フレームを選択し❷、[インタラクション]の[＋]をクリックします❸。

2. [インタラクション]パネルが表示されたら、以下のように設定します。

トリガー	❶ ドラッグ時
アクション	❷ オーバーレイを閉じる

230

05 ドラッグ操作のプレビュー再生

サンプル 7-04-05.fig

プレビュー再生し、「Search」ウィンドウがドラッグで閉じる動きをテストします。

1 キャンバス上の余白をクリックして、すべての選択を解除します❶。右パネルの［▷］をクリックします❷。

❶ 余白をクリックし選択を解除
❷ クリック

2 プレビュー再生用のタブに「Home」フレームがプレビュー再生されます。虫眼鏡アイコンをクリックします❶。「Search」ウィンドウが表示されたら、ウィンドウの上端を下方向へドラッグして閉じることができることを確かめます❷。テストを終えたら、プレビュー再生用のタブを閉じます。

❶ クリック
❷ 下方向へドラッグして閉じる

✓ Check! Figmaを活用しましょう

本書のサンプルデータは、これで完成です。本書に沿って操作された読者は、Figmaの基本機能を習得できたはずです。

❶ 実現したいアイデアがあるのなら…
Webやアプリで作りたいアイデアがあるのなら、Figmaを使って、サイトマップやワイヤーフレーム作りを始めてください。構成案からはじめて、周囲の人にプレゼンテーションしましょう。

❷ まだ実現したいアイデアがないのなら…
実現したいアイデアがない場合は、お気に入りのWebサイトを見つけて、Figmaで再現してみましょう。既存のWebページをトレースすることで、Figmaの技術が向上し、UI/UXのデザイン力が鍛えられるはずです。

❸ 現在開発中のプロジェクトがあるのなら…
すでにFigmaを使って開発中のプロジェクトがある場合は、本書で学んだ知識を活用して参加しましょう。プロジェクトでFigmaを使っていない場合は、開発中のスクリーンショットをFigmaに取り込んで、簡易的なプロトタイプを作るなどしてみましょう。改善点を見つけるのにFigmaはとても役立ちます。

Figmaは多機能であり、アップデートも頻繁です。Figmaを使った作業を通して、多くの学びと探求が続くことを願っています。

Googleフォント

Googleフォントは、無料で利用可能なWebフォントです。FigmaにはGoogleフォントが搭載されていて、PCにインストールしなくても利用できます。コーディングでそのまま利用できるため、高品質なタイポグラフィーが可能です。

Googleフォントには、日本語フォントを含む1400以上のフォントがあります。フォントを選定しにくいときは、Googleフォントのサイトで調べることができます。

Googleフォントの調べ方

1. 以下のGoogleフォントのサイトを開きます❶。

   URL　https://fonts.google.com/

❶ fonts.google.com にアクセス

2. [Preview] の入力欄に、フォント設定でプレビューしたいテキストを入力します❶。[Language] の [Writing system] メニューからフォントの「文字」を選択します❷。[Language] メニューから「言語」を選択します❸。設定した条件のフォントが、プレビューと共にリスト表示されます❹。

   Notes
   欧文フォントを表示したいときは、[Writing system]（文字）を [Latin]、[Language]（言語）を [English] にします。日本語フォントはどちらも「Japanese」にします。

❶ プレビュー用のテキストを入力
❷「文字」を選択
❸「言語」を選択
❹ フォントのリスト

Googleフォントの例

Noto Serif Japanese
なんとも不思議な感じ

Shippori Mincho
なんとも不思議な感じ

Noto Sans Japanese
なんとも不思議な感じ

Zen Kaku Gothic New
なんとも不思議な感じ

Sawarabi Gothic
なんとも不思議な感じ

Zen Maru Gothic
なんとも不思議な感じ

M PLUS Rounded 1c
なんとも不思議な感じ

Roboto
What a curious feeling!

Inter
What a curious feeling!

Playfair Display
What a curious feeling!

Abril Fatface
What a curious feeling!

Anton
What a curious feeling!

Poppins
What a curious feeling!

Itim
What a curious feeling!

Pacifico
What a curious feeling!

カラーコード

Webデザインのカラー設定は、数字とアルファベットで作られた6桁のカラーコードで行います。これは「Hexコード」と呼ばれていて、光の3原色であるR（赤）G（緑）B（青）の3つの値を「0から9までの数字」と「AからFまでのアルファベット」を使って16進数に変換したものです。

Webデザインに使われることの多いFigmaも、Hexによるカラー指定が初期設定になっています。Webデザインを始めたばかりで、カラーコードに馴染みがなければ、CSSで定義されている下記のカラーリストを参考にしましょう。カラーリストにはCSSで指定可能な「カラーネーム」と「カラーコード」があり、Figmaはどちらを入力しても色指定できます。

CSS で定義されているカラーリスト

black #000000	dimgray #696969	gray #808080	darkgray #A9A9A9	silver #C0C0C0	lightgray #D3D3D3	gainsboro #DCDCDC
whitesmoke #F5F5F5	white #FFFFFF	snow #FFFAFA	ghostwhite #F8F8FF	floralwhite #FFFAF0	linen #FAF0E6	antiquewhite #FAEBD7
papayawhip #FFEFD5	blanchedalmond #FFEBCD	bisque #FFE4C4	moccasin #FFE4B5	navajowhite #FFDEAD	peachpuff #FFDAB9	mistyrose #FFE4E1
lavenderblush #FFF0F5	seashell #FFF5EE	oldlace #FDF5E6	ivory #FFFFF0	honeydew #F0FFF0	mintcream #F5FFFA	azure #F0FFFF
aliceblue #F0F8FF	lavender #E6E6FA	lightsteelblue #B0C4DE	lightslategray #778899	slategray #708090	steelblue #4682B4	royalblue #4169E1
midnightblue #191970	navy #000080	darkblue #00008B	mediumblue #0000CD	blue #0000FF	dodgerblue #1E90FF	cornflowerblue #6495ED
deepskyblue #00BFFF	lightskyblue #87CEFA	skyblue #87CEEB	lightblue #ADD8E6	powderblue #B0E0E6	paleturquoise #AFEEEE	lightcyan #E0FFFF
cyan #00FFFF	aqua #00FFFF	turquoise #40E0D0	mediumturquoise #48D1CC	darkturquoise #00CED1	lightseagreen #20B2AA	cadetblue #5F9EA0
darkcyan #008B8B	teal #008080	darkslategray #2F4F4F	darkgreen #006400	green #008000	forestgreen #228B22	seagreen #2E8B57
mediumseagreen #3CB371	mediumaquamarine #66CDAA	darkseagreen #8FBC8F	aquamarine #7FFFD4	palegreen #98FB98	lightgreen #90EE90	springgreen #00FF7F
mediumspringgreen #00FA9A	lawngreen #7CFC00	chartreuse #7FFF00	greenyellow #ADFF2F	lime #00FF00	limegreen #32CD32	yellowgreen #9ACD32
darkolivegreen #556B2F	olivedrab #6B8E23	olive #808000	darkkhaki #BDB76B	palegoldenrod #EEE8AA	cornsilk #FFF8DC	beige #F5F5DC
lightyellow #FFFFE0	lightgoldenrodyellow #FAFAD2	lemonchiffon #FFFACD	wheat #F5DEB3	burlywood #DEB887	tan #D2B48C	khaki #F0E68C
yellow #FFFF00	gold #FFD700	orange #FFA500	sandybrown #F4A460	darkorange #FF8C00	goldenrod #DAA520	peru #CD853F
darkgoldenrod #B8860B	chocolate #D2691E	sienna #A0522D	saddlebrown #8B4513	maroon #800000	darkred #8B0000	brown #A52A2A
firebrick #B22222	indianred #CD5C5C	rosybrown #BC8F8F	darksalmon #E9967A	lightcoral #F08080	salmon #FA8072	lightsalmon #FFA07A
coral #FF7F50	tomato #FF6347	orangered #FF4500	red #FF0000	crimson #DC143C	mediumvioletred #C71585	deeppink #FF1493
hotpink #FF69B4	palevioletred #DB7093	pink #FFC0CB	lightpink #FFB6C1	thistle #D8BFD8	magenta #FF00FF	fuchsia #FF00FF
violet #EE82EE	plum #DDA0DD	orchid #DA70D6	mediumorchid #BA55D3	darkorchid #9932CC	darkviolet #9400D3	darkmagenta #8B008B
purple #800080	indigo #4B0082	darkslateblue #483D8B	blueviolet #8A2BE2	mediumpurple #9370DB	slateblue #6A5ACD	mediumslateblue #7B68EE

ショートカットキー一覧

※「→ 数字」は掲載ページ

ツール

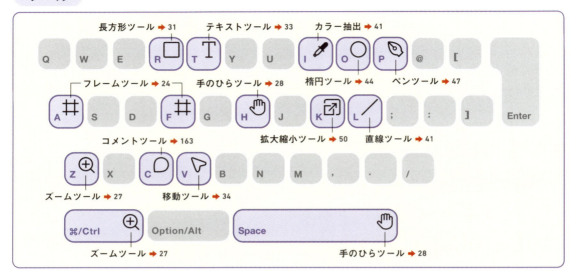

● ウィンドウ

[ファイル] パネルの表示 → 88　　Option/Alt + 1
[アセット] パネルの表示 → 86　　Option/Alt + 2
[デザイン] パネルの表示 → 93　　Option/Alt + 8

[プロトタイプ] パネルの表示 → 89　　Option/Alt + 9
[デザイン] パネルと
[プロトタイプ] パネルの切替え → 93　　Shift + E

● ズーム

拡大表示 → 27　　+ もしくは ⌘/Ctrl + +
縮小表示 → 27　　- もしくは ⌘/Ctrl + -
100% ズーム　　⌘/Ctrl + 0

自動ズーム調整 → 28　　Shift + 1
選択範囲に合わせてズーム → 28　　Shift + 2

● ガイド表示

定規の表示／非表示 → 29　　Shift + R
距離の表示 → 36　　Option/Alt

レイアウトグリッドの表示／非表示 → 59　　Shift + G

● プレビュー

新しいタブに表示 → 90　　Option/Alt + ⌘/Ctrl + R

プレビュー → 187　　Shift + Space

● 編集

元に戻す → 23　　⌘/Ctrl + Z
やり直す → 28　　Shift + ⌘/Ctrl + Z
バージョン履歴に保存 → 28　　Option/Alt + ⌘/Ctrl + S
プロパティをコピー → 46　　Option/Alt + ⌘/Ctrl + C
プロパティの貼り付け → 46　　Option/Alt + ⌘/Ctrl + V

複製 → 35　　⌘/Ctrl + D
貼り付けて置換 → 114　　Shift + ⌘/Ctrl + R
PNG としてコピー → 56　　Shift + ⌘/Ctrl + C
エクスポート → 55　　Shift + ⌘/Ctrl + E

● 整列

⊫ 左揃え	`Option/Alt` + `A`	
⊣ 右揃え	`Option/Alt` + `D`	
⊤ 上揃え	`Option/Alt` + `W`	
⊥ 下揃え ➡ 46	`Option/Alt` + `S`	

⊤ 水平方向の中央揃え ➡ 46	`Option/Alt` + `H`	
⊹ 垂直方向の中央揃え ➡ 55	`Option/Alt` + `V`	
オートレイアウトを追加 ➡ 59	`Shift` + `A`	
オートレイアウトの削除	`Option/Alt` + `Shift` + `A`	

● テキスト

フォントサイズを大きく ➡ 35	`Shift` + `⌘/Ctrl` + `>`
フォントサイズを小さく ➡ 35	`Shift` + `⌘/Ctrl` + `<`
ウエイトを太く	`Option/Alt` + `⌘/Ctrl` + `>`
ウエイトを細く	`Option/Alt` + `⌘/Ctrl` + `<`

A̲ 行間を広げる	`Option/Alt` + `Shift` + `>`
A̲ 行間を狭める	`Option/Alt` + `Shift` + `<`
|A| 文字間隔を広げる	`Option/Alt` + `>`
|A| 文字間隔を詰める	`Option/Alt` + `<`

● 描画

線を削除	`/`
塗りを削除 ➡ 45	`Option/Alt` + `/`
塗りと線の入れ替え	`Shift` + `X`
線のアウトライン化 ➡ 51	`Option/Alt` + `⌘/Ctrl` + `O`
アウトラインの表示 ➡ 50	`Shift` + `⌘/Ctrl` + `O`

サイズ自動調整 ➡ 60	`Option/Alt` + `Shift` + `⌘/Ctrl` + `R`
左右反転	`Shift` + `H`
上下反転	`Shift` + `V`
画像を配置 ➡ 30	`Shift` + `⌘/Ctrl` + `K`

● 選択

すべて選択 ➡ 98	`⌘/Ctrl` + `A`
選択範囲を反転	`Shift` + `⌘/Ctrl` + `A`
マッチングレイヤーを選択 ➡ 183	`Option/Alt` + `⌘/Ctrl` + `A`

子要素を選択 ➡ 65	`Return/Enter`
親要素を選択 ➡ 65	`Shift` + `Return/Enter`
選択を解除 ➡ 126	`Esc`

● 結合と変換

選択範囲のグループ化 ➡ 47	`⌘/Ctrl` + `G`
選択範囲のグループ解除	`Shift` + `⌘/Ctrl` + `G`
選択範囲のフレーム化 ➡ 43	`Option/Alt` + `⌘/Ctrl` + `G`
選択範囲のフレーム解除	`Shift` + `⌘/Ctrl` + `G`

選択範囲を統合 ➡ 51	`⌘/Ctrl` + `E`
コンポーネントの作成 ➡ 71	`Option/Alt` + `⌘/Ctrl` + `K`
インスタンスの切り離し ➡ 128	`Option/Alt` + `⌘/Ctrl` + `B`
メインコンポーネントに移動 ➡ 82	`Shift` + `⌘/Ctrl` + `K`

● レイヤー

前面へ移動	`⌘/Ctrl` + `]`
背面へ移動	`⌘/Ctrl` + `[`
最前面へ移動 ➡ 154	`]`
最背面へ移動 ➡ 154	`[`
レイヤー名の選択 ➡ 43	`⌘/Ctrl` + `R`

選択範囲をロック／ロック解除	`Shift` + `⌘/Ctrl` + `L`
選択範囲の表示／非表示	`Shift` + `⌘/Ctrl` + `H`
レイヤーの折りたたみ ➡ 122	`Option/Alt` + `L`
レイヤーの検索	`⌘/Ctrl` + `F`

INDEX

記号・英字

100% ズーム	234
Adobe	13
Figma AI	188
⊞ メニュー	22
Google フォント	232
H	31
Hex コード	233
Home Indicator	87
Iconify プラグイン	52, 132, 216
iOS 18 and iPadOS 18	86, 88
Keyboard - iPhone	209
Material 3 Design Kit	88
Material Symbols	53
ms	143
PNG としてコピー	234
Status Bar	86
SVG	55
UI	12
UI キット	88
Unsplash プラグイン	105
UX	12
W	31
X	31
Y	31

ア行

アウトラインの表示	50, 235
アクションツール	52, 77
［アセット］パネル	22, 77
［アセット］パネルの表示	234
新しいタブに表示	90, 234
アニメーション	145
アフターディレイ	125, 152
アンカーポイント	129
イージングカーブ	145
イーズアウト	145
イーズアウトバック	145
イーズイン	145

イーズイン／イーズアウト	145
イーズイン／イーズアウトバック	145
イーズインバック	145
移動ツール	25, 234
色スタイル	96
色スタイルの編集	97
インスタンス	71, 77
インスタンスの切り離し	128, 235
インタラクション	123
インポート	9, 21
ウェイト	34
ウエイトを太く	235
ウエイトを細く	235
上揃え	235
エクスポート	56, 234
閲覧モード	164
エフェクト	69
エフェクトスタイル	95
押下中	125
オートレイアウトの削除	235
オートレイアウトの余白	65
オートレイアウトを追加	59, 235
オーバーレイ	134
遅い《アニメーション効果》	145
オフセット	26
親要素を選択	65, 229, 235
折り返す	115
温度	107

カ行

ガイドライン	29
外部をクリックしたときに閉じる	136
拡大縮小ツール	50, 129, 234
拡大表示	27, 234
拡大表示率	27
各端の線	63
［カスタム］パネル	33
カスタムスプリング	145
カスタムベジェ	145
画像形式	32

画像の移動 ………………………………… 79	最前面へ移動 ………………………… 154, 235
画像の埋め込み …………………………… 32	最大幅を追加 ………………………………… 173
画像の縮小 ………………………………… 79	彩度 ……………………………………………… 107
画像を配置 ……………………………… 30, 235	最背面へ移動 ………………………… 154, 235
ガター ……………………………………… 26	左右の間隔 …………………………………… 61
角の半径 …………………………………… 66	左右反転 ……………………………………… 235
角の半径の詳細 ………………………… 230	下書き ………………………………………… 21
角丸コーナー ……………………………… 66	下揃え ………………………………… 46, 235
カラーコード …………………………… 233	自動《左右の間隔》 ………………………… 61
カラー抽出 ……………………………… 41, 234	自動ズーム調整 ……………………… 28, 234
カルーセル ……………………………… 148	シャドウ ……………………………………… 107
キー／ゲームパッド …………………… 125	縮小表示 ……………………………… 27, 234
キャンバス ………………………………… 22	定規の表示 …………………………… 29, 234
境界線の移動 ……………………………… 33	上下反転 ……………………………………… 235
行間 ………………………………………… 39	新規ページ …………………………………… 186
行間を狭める …………………………… 235	垂直パディング ……………………………… 65
行間を広げる …………………………… 235	垂直方向の制約 ……………………………… 67
曲線《アニメーション効果》 …………… 145	垂直方向の中央揃え ………………… 55, 235
曲線ツール ………………………………… 49	水平パディング …………………………… 61, 65
距離の表示 ……………………………… 36, 234	水平方向の制約 ……………………………… 67
グリッド …………………………………… 26	水平方向の中央揃え ……………… 39, 55, 235
グリッドスタイル ………………………… 95	数値入力 ……………………………………… 42
結合 ………………………………………… 48	ズームツール ………………………… 27, 234
コネクション …………………………… 123	スクロール …………………………………… 27
コメントツール ………………………… 163, 234	スクロール《プロトタイプ》 ……………… 89
子要素を選択 …………………………… 65, 235	「スターター」プラン ……………………… 16
コンテナに合わせて拡大 ……………… 110	スタイル ……………………………………… 93
コンテンツを隠す ……………………… 150	ステータスバー …………………………… 29
コンテンツを内包 ……………………… 110	スナップライン …………………………… 36
コントラスト …………………………… 107	すべて選択 …………………………… 98, 235
コンポーネント …………………………… 71	すべての変更をリセット …………… 79, 84
コンポーネントセットの境界線 ……… 196	スマートアニメート ………………… 145, 152
コンポーネントの更新 …………………… 84	スマホの画面サイズ ……………………… 25
コンポーネントの作成 ………………… 71, 235	スライドアウト …………………………… 145
	スライドイン ……………………………… 145
	スライドボタン …………………………… 178
### サ行	制約 …………………………………………… 67
	制約の水平方向 …………………………… 171
最近表示したファイル …………………… 21	セーフエリア ……………………………… 29
最小幅を追加 …………………………… 64, 173	セクション ………………………………… 70
サイズ自動調整 ………………………… 60, 235	セクションツール ………………………… 70
サイズに合わせる ……………………… 117	

237

絶対位置	211, 212
選択範囲に合わせてズーム	28, 234
選択範囲の色	98
選択範囲のグループ化	47, 235
選択範囲のグループ解除	235
選択範囲の表示／非表示	235
選択範囲のフレーム化	43, 235
選択範囲のフレーム解除	235
選択範囲を統合	51, 235
選択範囲を反転	235
選択範囲をロック／ロック解除	235
選択を解除	126, 235
線のアウトライン化	51, 235
線の両端	227
前面へ移動	235
線を削除	235
線を追加	45
即時	145

夕行

タイプ	26
タイポグラフィー	34
楕円ツール	44, 234
高さの自動調整	38
タッチアップ	125
タッチダウン	125
タップ時／クリック時	125
長方形ツール	31, 234
直線ツール	41, 234
ツールバー	22
ディゾルブ	145
テキストスタイル	93
テキストツール	33, 234
テキスト入力	33
［デザイン］パネル	22, 25
［デザイン］パネルと［プロトタイプ］パネルの切替え	234
［デザイン］パネルの表示	234
デスクトップアプリ	17
手のひらツール	28, 234
ドラッグ時	125

ドラッグ操作	230
トリガー	125
トリミング	79
ドロップシャドウ	69

ナ行

なめらか《アニメーション効果》	145
塗り	34
塗りと線の入れ替え	235
塗りを削除	45, 235
濃淡	107

八行

バージョン履歴に保存	28, 234
背景《オーバーレイ》	136
配置《タイポグラフィー》	35
背面へ移動	235
ハイライト	107
バウンス	145
パスの編集モード	49
パディング（個別）	110
幅を固定	67
速い《アニメーション効果》	145
バリアブル	99, 102, 112
バリアブルコレクション	100
バリアブルの解除	120
バリアント	120
バリアントとして結合	219
貼り付けて置換	114, 234
ハンドル	49
左揃え	235
左パネル	22
ビットマップ画像	32
ファイル共有	163
ファイル形式《エクスポート》	56
［ファイル］パネル	22, 24
［ファイル］パネルの表示	234
ファイルブラウザ	17, 21
ブーリアン型	178

［フォント］パネル······34
フォントサイズ······34
フォントサイズを大きく······34, 235
フォントサイズを小さく······34, 235
複数要素の一括編集······122, 185
複製······35, 234
プッシュ······145
ブラウザベース······12
フレームツール······24, 234
プレビュー······187, 234
プレビュー再生······90, 136
フローの開始点······124
プロジェクト······21
プロトタイプ······12
［プロトタイプ］パネル······22
［プロトタイプ］パネルの表示······234
プロパティ······121
プロパティ《テキストラベルの変更》······180, 182
プロパティ《デザインの切り替え》······195
プロパティの貼り付け······46, 234
プロパティ《表示・非表示の切り替え》······178
プロパティラベル······25
プロパティをコピー······46, 234
ページに移動······186
ベクター画像······32
ベベル······48
編集モード······164
ペンツール······47, 234
ポイント《曲線ツール》······49
方向《オートレイアウト》······60
ホームインジケータ······29
ホームボタン······22
ぼかし範囲······83
保存······28

マ行

マイター······48
マウスエンター······125
マウスオーバー······125
マウスリーブ······125

マッチングレイヤー······184
マッチングレイヤーを選択······235
丸型······48
右揃え······235
右パネル······22
ミラーリング······162
ミリセカンド······143
ムーブアウト······145
ムーブイン······145
メインコンポーネントに移動······82, 235
文字間隔を詰める······235
文字間隔を広げる······235
元に戻す······28, 234
モバイルアプリ······161

ヤラ行

やり直す······28, 234
ユーザー登録······14
リニア······145
料金プラン······16
リンクをコピー······175
レイアウトグリッド《格子状》······40
レイアウトグリッドの表示／非表示······59, 234
レイアウトグリッド《列》······26, 176
レイヤー······24
レイヤーの折りたたみ······122, 235
レイヤーの検索······235
レイヤー名······85
レイヤー名の一括変更······84
レイヤー名の選択······43, 235
レイヤー名の変更······24
レスポンシブ······174
連結を解除······124
ローカルコピーの保存······28
露出······107

● 著者プロフィール

古尾谷 眞人　ふるおやまさと

出版社、印刷会社、広告制作会社にて、DTP制作、Web制作、システム開発を行う。2019年と2022年、一般財団法人海外産業人材育成協会（AOTS）の専門家として、DTP制作のインフラ構築のためベトナムに赴任。DTP/Web関連の書籍を多数執筆。

- カバーデザイン　　西垂水敦・岸恵里香（krran）
- カバーイラスト　　イグアナ大佐
- 本文デザイン　　　株式会社ライラック
- DTP　　　　　　　TOBY NEBULA
- 写真協力　　　　　古尾谷智史（KANEOHE SURF）
- 編集　　　　　　　大和田洋平
- 技術評論社Webページ　https://book.gihyo.jp/116

作って学ぶFigma入門［完全版］
ステップ・バイ・ステップで身につく
Web/UIデザインの基本

2025年2月12日　初版　第1刷発行

著　者　古尾谷　眞人
発行者　片岡　巌
発行所　株式会社技術評論社
　　　　東京都新宿区市谷左内町 21-13
　　　　電話 03-3513-6150　販売促進部
　　　　　　 03-3513-6166　書籍編集部
印刷／製本　株式会社シナノ

定価はカバーに表示してあります。
本書の一部または全部を著作権法の定める範囲を越え、無断で複写、複製、転載、テープ化、ファイルに落とすことを禁じます。

©2025　古尾谷眞人

造本には細心の注意を払っておりますが、万一、乱丁（ページの乱れ）や落丁（ページの抜け）がございましたら、小社販売促進部までお送りください。送料小社負担にてお取り替えいたします。

ISBN978-4-297-14678-8 C3055
Printed in Japan

●お問い合わせについて

本書の内容に関するご質問は、下記の宛先までFAXまたは書面にてお送りください。なお電話によるご質問、および本書に記載されている内容以外の事柄に関するご質問にはお答えできかねます。あらかじめご了承ください。

〒162-0846
新宿区市谷左内町 21-13
株式会社技術評論社　書籍編集部
「作って学ぶFigma入門［完全版］ステップ・バイ・ステップで身につくWeb/UIデザインの基本」
質問係
FAX番号　03-3513-6183

なお、ご質問の際に記載いただいた個人情報は、ご質問の返答以外の目的には使用いたしません。また、ご質問の返答後は速やかに破棄させていただきます。